谨以此书献给长期致力于弘扬优秀传统文化的老师们

# 培养孩子受用终生的41个好习惯

佟易城 著

黑龙江教育出版社

**图书在版编目（ＣＩＰ）数据**

培养孩子受用终生的41个好习惯 ／ 佟易城著. —— 哈尔滨：黑龙江教育出版社，2022.5

ISBN 978-7-5709-3080-7

Ⅰ．①培… Ⅱ．①佟… Ⅲ．①习惯性-能力培养-儿童读物 Ⅳ．①B842.6-49

中国版本图书馆CIP数据核字（2022）第072922号

# 培养孩子受用终生的 41 个好习惯

PEIYANG HAIZI SHOUYONGZHONGSHENG DE 41 GE HAO XIGUAN

佟易城　著

**责任编辑**：周汉飞

**装帧设计**：管　斌

**出版发行**：黑龙江教育出版社

**地址邮编**：哈尔滨市道里区群力第六大道 1305 号（150070）

**印　　刷**：三河市百福春印刷有限公司

**开　　本**：710mm×1000mm　　1/16

**印　　张**：16.5

**字　　数**：190 千字

**版　　次**：2022 年 5 月第 1 版

**印　　次**：2022 年 5 月第 1 次印刷

**标准书号**：ISBN 978-7-5709-3080-7

**定　　价**：78.00 元

黑龙江教育出版社网址：**www.hljep.com.cn**

如有印装质量问题，请与印刷厂联系。**联系电话**：13910784991

如发现盗版图书，请向我社举报。　**举报电话**：0451-82533087

# 前　言

人生就像一场驾车旅行，正确的方向抉择，比盲目地努力更为重要，如何能够快速到达目的地，需要有精准的定位和导航仪。

《礼记·学记》曰："建国君民，教学为先。"一个国家，一个家庭最重要的就是教育。国家"十二五"教育课题组研究调查，影响孩子教育的因素比重为：家庭教育占51%，学校教育占35%，社会教育占14%。全国教育信息"十四五"重点课题组老师提到初中拉开差距的原因其中有：你是否养成了良好的学习习惯？你是否有良好的生活习惯？

家庭教育首重德行，孝亲尊师是大根大本，我们为人父母要首先"明德"，树立正知正见，帮助孩子打好德行之基，引导他们从小学习和传承中华优秀传统文化，先从《弟子规》开始入手。圣贤之道，唯诚与明。凡圣之分，在乎一念。作圣在自明其"明德"。欲明其明德，须格物致知，明了境由心生，如同月印万川，通达明白宇宙人生的真相，明心见性。

"教，上所施，下所效也。育，养子使作善也。"教育的目标是养子使作善。教育的方法是上施下效。"教也者，长善而救其失者也。"教育的两大主轴是长善、救失。教育的根本是教孝。《孝经》曰："夫孝，德之本也，教之所由生也。"孝者百行之首，万善之源，乃为人该行该守之第一重大义务也。孝为德之本，为人不可无孝，无孝如树无根，如水无源。无孝则无德，无德则无福。父母养子女成人，恩深似海，德高如山，难言尽述。父母爱子女无微不至，辛苦不辞，冒险不退，始终不倦，劳而不怨，一生不变。为人子女者须当知恩报本，欲子女孝顺，须先孝双亲。

家庭教育从胎教开始，母亲在孕期就要做到"非礼勿视、非礼勿言、非礼勿听、非礼勿动。"（《论语》）古人曰："少成若天性，习惯成自然。"儿童时期良好品行与行为习惯的培养对于人的一生是至关重要的，帮助孩子养成好习惯是父母责无旁贷的事情。在全国教育大会上，习主席曾高度明确了家庭教育的重要地位，并指出：家庭是人生的第一所学校，家长是孩子的第一任老师，要给孩子讲好"人生第一课"，帮助孩子扣好"人生第一粒扣子。"著名科学家钱学森曾感慨："为什么我们的学校总是培养不出杰出的人才！""钱学森之问"这道命题，需要我们为人父母者、为人师者共同思考与破解。中华民族复兴需要堪当大任的时代新人。

孟子云："舜何人也，予何人也，有为者亦若是。"只要我们为人父母、为人师者有决心向圣贤学习，见贤思齐，努力做一名具有高尚道德情操的人，我们的德行也能像大舜一样，自己先要有信心和行动，进而对孩子产生影响。

子曰："其身正，不令而行；其身不正，虽令不从。"我们很多时候不需用言语去教孩子，身体力行地先把中华优秀传统文化的基础《弟子规》作为日常规范实践在生活之中，儿女们自然受到影响，也就跟着我们去做正确的事，待人处事落实"五伦"、"五常"、"四维"、"八德"。

"蒙以养正，圣功也。"在孩子幼年的时候培养他的正知正见，奠定德行的根基，是圣人的功业。祖国的未来就掌握在孩子的手里，我们要培养有德、有才的好孩子。

"积千累万，不如养成好习惯。"好习惯成就好孩子，赢得好人生。读书志在圣贤，教育就是养成好习惯。相信由佟易城先生编著的《培养孩子受用终生的 41 个好习惯》能让更多的家长、老师和孩子受益。是之为序。

祝宇清

2021 年冬月

# C 目 录 >>>>>>>>>
ONTENTS

# 一、爱学习

　　牧童骑黄牛，歌声振林樾。意欲捕鸣蝉，忽然闭口立。

　　昼出耘田夜绩麻，村庄儿女各当家。童孙未解供耕织，也傍桑阴学种瓜。

　　骑牛远远过前村，吹笛风斜隔陇闻。多少长安名利客，机关用尽不如君。

　　……

　　作为成年人，尤其是处于各种压力叠加时期的成年人，恐怕没有人不怀念童年时那种天真烂漫、无忧无虑，充满快乐幸福的时光。

　　习近平同志指出："优秀传统文化是一个国家、一个民族传承和发展的根本，如果丢掉了，就割断了精神命脉。"在人类文明史上文明古国中，唯有中华民族一直延续着创造着五千多年有文字记载的连绵不断的文明历史，一直延续着创造着博大精深的中华文化，为人类文明与进步做出不可磨灭的贡献。中华文化凝聚着中华民族共同经历的奋斗历程，蕴含着中华民族共同培育的民族精神，贯穿着中华民族共同坚守的理想信念，是中华民族共同创造的精神家园。在科学技术日新月异的二十一世纪，人们更需要自己的精神寄托和共同的"精神家园"。

中华优秀传统文化是中华民族的"基因"，是民族文化的"血脉"，是中华民族的"精神命脉"，是全世界华人共同的"精神家园"，学习和传承中华优秀传统文化，对于增强民族自信心、自豪感和凝聚力至关重要，更是提升文化自信必须遵循的途径和必然要求。

要想获得永远快乐的人生，我们需要学习优秀的中华传统文化，接受圣贤思想的教育，洗涤我们心灵世界里的污垢和尘埃，找回童心，回归我们的本性。《三字经》中说："人之初，性本善。性相近，习相远。"人的天性都是纯净纯善的，只是在后天成长的过程中，人们所处的环境和接受的教育不同，性情也就有了差别。作为家长，我们需要知道，在家庭教育中，最重要的不是让孩子学多少知识，掌握多少技能，也不是让孩子考多少分，排多少名，而是引导孩子找到他自己的本性。快乐不依赖身外之物：名、利、车、房等。欲望是深渊，就像火一样，浇上油，越浇越旺。儒家讲要"知足少欲"。知足的人才会快乐。

人们常说："苦海无边，回头是岸。"有所求的心就叫"苦海"。"回头"就是回归本性，"本自具足，本自清净"。就是把我们内在的自性开显、挖掘出来。只有这样，才能真正获得永恒的快乐与幸福。

我们一起聊一聊"培养孩子受用终生的好习惯"这个话题。

从三皇五帝、尧舜禹汤、文武周公到孔孟老庄等古圣先贤，再到陶行知、叶圣陶这些教育家，他们都很注重子女的德行教育。唐太宗亲自撰写《帝范》十二篇赐给太子李治，谆谆告诫李治：效法尧舜禹汤、周文王等古代圣哲贤王，"非威德无以致远，非慈厚无以怀人……倾己之劳，以行德义。"古人说："少成若天性，习惯如自然。"（《汉书·贾谊传》）孩子从母亲怀胎开始到出生的三年这一千多天，是养成教育的最佳时期，非常关键。周文王的母亲太任就是最早进行胎教的，据说，太任在怀孕的时候，做到了"非礼勿视，非礼勿听，非礼勿言，非礼勿动"（《论语·颜渊》）。即眼睛不看邪恶的东西，耳朵不听不健康的音乐，听的都是德音雅乐，嘴里不说恶语脏话。因此周文王一生下来就很聪明。俗话说："三岁看老。"在孩子三岁之前养成的习惯就像人的天性一样牢固，很难改变，对人一生的发展起着至关重要的作用。好习惯是让孩子终身受用的礼物。良好的习惯培养越早越好，教育越早效果越好。教育就是：教，"上所施下所效也"；育，"养子使作善也"。换言之，父母以身作则做榜样示范，帮孩子培养好习惯。

叶圣陶有一句名言："教育就是好习惯的培养，积千累万，不如养个好习惯。"积累家财万贯，你都不如给孩子培养个好习惯。有的人说："命好不如习惯好。"即使一个人的命很好，生在一个好家庭，如果他的习惯不好，千金很快就会散尽，所以，有个好习惯更重要。因为只要习惯了如理如法地为人处事，就是走在成功的路上，就会走到成功的终点，因此"好习惯就是好命运"。

如果不学习圣贤教诲，我们就会缺乏正知正见。如果给予孩子物质条件的无限满足，我们就是助长他的不良习气，就会让孩子不断地离本性越来越远。

圣人的每一句教诲都是真理，永远不会过时，放之四海而皆准，是永恒不变的道理。我们遵从孔子的教诲，就是让孩子找到正确的人生目标、明明德，发扬本有的美好品德。"君子忧道不忧贫"（《论语》），每个人都应立志做一个真正有德行、有学问、以天下国家为己任的君子。

我们现在让大家学习、力行中华优秀传统文化，为的就是"明明德"。第一个"明"是发挥、发扬、彰显的意思，"明德"就是至善圆满的完美德性，"明明德"就是明心见性，是要把我们本自具足、本自清净的美好品德开显发扬出来，这是学习的首要目标。"读书志在圣贤。"读书的目的是要成为圣贤。

《大学》中有八个条目，分别为"格物""致知""诚意""正心""修身""齐家""治国""平天下"。其中"格物""致知""诚意""正心"是修身的前提，首先要明白宇宙人生的真相、因果规律，然后才能"齐家"治国"平天下"。只有能把自己的小家照顾好，才有能力去利益天下一切众生，从自利到利他，我们自利之前要先学习、明理。

我们通过学习中华优秀传统文化，让孩子在五六岁、十来岁之前培养多个好习惯，孩子这一生就会顺利，吉祥如意。就好比树木根深蒂固，扎好这个根，树就不会再晃来晃去，才能经得住风雨，才能枝繁叶茂、硕果累累。

民间有一句话："痛苦一阵子，幸福一辈子。"培养好习惯是"先苦后甜"。比如说，我们起初会觉得早晨五点起来挺痛苦，通过顽强的意志坚持下来，早起的好习惯就养成了。如果放任自己的习气，"幸福"一阵子，可能就会痛苦一辈子。我们这里讲的好习惯，如果都能养成，就会很容易幸福一辈子。有些孩子从小被父母给宠溺骄纵惯了，到四五十岁了还"啃老"，还得让父母为他操心。这是父母自己种下的因，结的这种恶果。

"至要莫若教子。"（《格言联璧·齐家类》）对父母来说，最重要的就是教育孩子。"子不教，父之过。"（《三字经》）因此我们为人父母一定要重视孩子好习惯的培养。很多有问题的孩子，都是因为小时候父母没有帮他将好习惯培养出来，形成等流，就像河水一样，上游是污染的，下游不可能是清澈的。我们如果不在孩子还小的时候，帮孩子养成好习惯，就会耽误孩子的一生。

有的家长认为孩子长大后就会变好，这种想法不合乎因果逻辑。就像种地，哪家的地不用管，它到秋天就能有好收成呢？农民是特别有经验的：他早早就得开始选种子，种下后及时浇水、施肥。教育孩子也一样，你得时刻关注，用心陪伴，智慧地引导他们，耐心地帮他们将好习惯一个一个地养成。我们从小帮孩子养成孝顺、听话、勤快、做事认真、诚实守信等习惯，他们的一生就会很顺。如果我们只给他们买好吃的、买礼物、买玩具，这种孩子将来容易成为纨绔子弟。

中华传统文化讲究孝顺父母、尊敬师长，这两个根必须从小就扎下。做到了，会为未来打下良好的基础，做不到，就会遭受痛苦。通过学习，结合我多年从事教育工作的经验，我从德行、做人、做事、自利、利他这几个角度，归纳总结出一些好习惯。如果我们能把这些好习惯帮孩子养成，孩子基本就是好孩子、好学生，将来就会成为一个好同学、好同事、好爱人、好父母。"舜何人也，予何人也，有为者亦若是。"（《孟子·滕文公上》）圣贤能契入，我们每个人也能契入，谁愿意效法学习，谁就可以契入，都能成圣成贤。那些玩具，孩子玩一会儿就扔到一边，但他的优点这一生他扔不掉。因此家长要懂得一劳永逸、长久受用的东西是优点本具的德行和智慧。

"蒙以养正，圣功也。"（《易经》），对儿童内心固有的淳朴心性，予以正确启蒙，培养好习惯，让孩子走上正道，将来成圣成贤，这是神圣而重要的事业。一九八八年，七十六位诺贝尔奖获得者在法国巴黎召开了一次盛会。有一位科学家在报告中说，人类要想长期地生存发展，要向二千五百七十多年前的孔子学习。有记者采访一位老科学家："请问您老人家是在哪所学校学到您认为最有价值的东西？"那位老诺贝尔奖获得者说："我认为我这一生上过的最好的学校就是幼儿园。"记者非常好奇地问："在幼儿园学到什么呢？"那位老科学家说："幼儿园老师教导我们：有好吃的要分一半给小伙伴；不是自己的东西不要拿；物品一定要放整齐；自己的事自己做；做错了事要表示歉意；吃饭前要洗手，午饭后要休息；要仔细观察大自然。"正是这些习惯让他受用一生。

有些大学生、研究生走到社会上后处处碰壁。原因在于我们舍本逐末，重视提高他的分数，却把本来最应该重视的德行培养给疏忽了。《礼记·大学》中有个成语："德本财末。""德者，

爱学习

本也；财者，末也。"意思是"德能致财，财由德有，故德为本，财为末也。"治国平天下，德为根本，财由德致，厚德载物。"君子务本，本立而道生。"（《论语·学而》）"夫孝，德之本也，教之所由生也。"（《孝经》）我们要注重做人德行的根本教育，培养好习惯。一个好习惯会让我们一辈子受用，一个坏习惯让我们一辈子吃亏。

苏联著名教育学家乌申斯基说过一句话："如果你养成了很好的习惯，你一辈子都享受不尽它的利息。如果你养成了坏的习惯，你一辈子都偿还不尽它的债务。"习惯它是会连带影响人的，勤劳的人，他也比较节俭；放任的人往往懒惰，容易奢侈。你看那君子，养成好的德行之后就没有多少恶习，不抽烟，不喝酒，不嫖不赌，人勤快，不睡懒觉，有礼貌，孝顺父母，好习惯人家都占全了。

如果孩子已经二三十岁了，那该怎么办？我们就要用艰苦卓绝的毅力让自己先做到，然后带动孩子改过迁善，成人以后，再改坏习惯确实需要有相当的毅力。比如说，戒烟，有的人能够很快戒掉，我母亲也抽过烟，后来她老人家因抽烟咳嗽立刻就不抽了，有的人戒了二三十年，甚至一辈子也戒不了。

我们国家自古以来就是礼仪之邦，我们一定要学习古人，重视家庭教育，在孩子小的时候进行"养成教育"。好的德行、习惯一旦养成，他的价值观就会成熟。因果是非等基本道理都懂了之后，他这一生就不容易跑偏。教育要"慎于始"。所以，我们要在孩子自小到读大学之前这个期间，一直陪伴在他们的身边，关注他的成长，从小就帮他们养成好习惯，引导他们树立正确的世界观、人生观和价值观。

我把"爱学习"列为第一个好习惯，为什么？正确的思想才有正确的行为，我们如果不学习圣贤之道，就不懂怎么去做。古今中外无论是哪个行业和领域，成功的人全是好学的人，学习是他这一生最大的乐趣。

孔子说过："我非生而知之者，好古，敏以求之者也。"（《论语·述而》）清人金缨说："至乐莫如读书。"（《格言联璧·齐家类》）孔子、孟子、朱熹、王阳明，这些大儒都是酷爱学习的人。

有的人能做出利在千秋万代的伟业，为什么？原因在于他们热爱学习。我们不要怪孩子不爱学习，很大程度上是因为我们不爱学习。因此，我们做家长的如果想让孩子爱学习，我们就得首先自己要爱学习。

热爱学习的人干什么都容易成功，我们不仅要快速学习，还要终身学习，每天至少要安排四五个小时用来学习。古人留下来的宝贵经验与智慧值得我们学习。《论语》就够我们学习的了。《大学》《中庸》《孟子》《孝经》《道德经》《易经》等都是宝藏。

一旦养成爱学习的习惯，我们这一生都会很快乐。孔子一生为什么那么快乐？就是因为他的快乐来自学习，"学而时习之，不亦说乎。"（《论语》）孔子赞叹弟子颜回："贤哉，回也！一箪食，一瓢饮，在陋巷，人不堪其忧，回也不改其乐。"（《论语·雍也》）用大白话说就是孔子赞叹颜回，身居简陋的小巷，别人都不堪忍受这种穷困清苦的生活，颜回却不改变他爱好学习的乐趣。孔子在《论语》中有一句名言："三人行，必有我师焉。"意思是说，哪怕是三个人同行，其中必定有人是值得我学习的老师。孔子之所以能成为伟大的思想家和教育家，离不开他时时处处谦虚好学的精神，他是酷爱学习的典范。

唐代大学问家刘向说："书犹药也，善读之可以医愚。"书就像药，善读可以对治愚昧。没有几个人可以不通过读书，就可以开显智慧、提升德行。

古圣先贤大多饱读诗书、满腹经纶。我们中有几个人写诗能达到李白、杜甫那个境界？有几个人的学问能超过孔子和老子？我们确实不及古圣先贤的智慧、道德水平，我们亟须静下心来认认真真地向圣贤学习。学习圣贤的教诲，要有像饥饿的人扑在面包上的那种求知若渴的学习精神。

教育也包括自我教育，要想让孩子爱学习，我们就得爱学习。我们在孩子学习的时候，要耐心地陪伴他，或者做做家务等正事儿，将家庭气氛营造得和谐而安静，我们可以读读圣贤典籍。我们自己首先要有定力。"其身正，不令而行；其身不正，虽令不从。"（《论语·子路》）"以身教者从，以言教者讼。"（南朝宋·范晔《后汉书·第五伦传》）意思都是说，只有自己身体力行、言行一致才能影响感化孩子，让他们也听从照做，如果自己只说不做，孩子就不会听从。这体现了我国传统的教育思想：身教重于言教。

作为父母，要以身作则。母亲更应该注意这一点，自古以来，母教为家庭教育的重中之重，是孩子童蒙养正的根本保证。

我们要忍耐得住，不要看电视，也不要玩手机、打游戏、打电话聊天干扰孩子。否则，孩子就会觉得我爸妈都不学习，却让我学习，他心里不服。归根结底，如果想让要孩子养成爱学习的好习惯，为人父母的我们，尤其是当母亲的要先养成爱学习的好习惯。

# 二、孝亲尊师

作为父母的我们，要带头孝亲尊师。孝亲尊师是我们中华优秀传统文化的大根大本，孝亲是大根，尊师是大本，是最起码的德行之本。国学大师季羡林将"爱国、孝亲、尊师、重友"列为"人生四要"。

我们要学习圣贤的教诲，然后依照圣贤的教诲去孝亲尊师。我们一定要做给孩子看，让他们知道我们是怎么孝敬父母的，是怎么尊重老师的。这两条必须要做到，我们自己如果既不孝亲也不尊师，那孩子基本的德行也就不会有，他就会有样学不孝亲、不尊师。

如果我们对父母出言不逊，孩子就会觉得原来对父母可以这样说话，孩子也会对我们出言不逊。他哪天就能一下子给我们顶一个跟头。"一言九顶。"也就是说，我们说一句他就顶九句。为什么呢？因为我们对父母就是这样子，不尊重，不孝顺，孩子从我们身上学会了。尊师也一样，我国素有"古之圣王，未有不尊师者也"（《吕氏春秋·纪孟夏纪》）之说，荀子也曾讲过："国兴，必贵师而重傅；贵师而重傅，则法度存。"（《荀子·大略》）古人尊师，让我们敬佩。过去太子拜师的时候，都要行三叩九

孝亲尊师

拜的大礼。为什么古代重视老师？古人认为一个国家要是不尊重老师，这个国家差不多就要堕落或灭亡了，接下来的几代人就没有好日子过了。一个人也一样，一个不尊重老师的人基本不会有大出息。一个连自己的父母、老师都不敬爱、不尊重的人，他怎么可能真心实意地去爱他人、爱民族、爱国家呢？

古圣先贤全都是孝亲尊师的光辉典范。颜回、曾子，都是父亲跟他们，一起拜师，父亲先拜师，然后儿子再拜，他们都是这样尊师重道。有的孩子为什么不尊重老师？是因为我们家长没有言传身教，我们有时可能会说："这是什么老师，交这么多钱，他怎么这么教我们？""孩子啊，这些老师不好，你可以跟他对着干，不行咱还可以告他！"家长不尊敬老师，孩子对老师也就没有恭敬心。一切学问都是从恭敬心中得来的，一分诚敬得一分收获。家长对老师不恭敬，孩子对老师的态度就不在乎。因此，家长有多么尊敬老师，孩子才能多么尊敬老师。

父母以身作则教育孩子尊重老师，孩子才会听从老师的教导。老师教导学生要孝敬父母，以及为什么要孝敬父母的道理：从出生到完成学业，父母日复一日、含辛茹苦地为我们创造生活条件，给予我们精神的引领和鼓励，因此，作为子女要深深地感恩、体恤父母的艰辛和不易，在这个基础上进一步提升，推展开来，"事诸父，如事父"，尊敬一切社会大众。

父母赐予我们生命的生育之恩、老师赐予我们慧命的教导之恩，这些我们当永志不忘，知恩图报。

孩子出生后，首先面对的是家庭关系。孩子是从父母，特别是母亲身上，来学习如何处理好父子有亲、夫妇有别、兄友弟恭、朋友有信等这些基本的关系。

孩子从小在家里耳濡目染，接受父母良好的言传身教的影响，从小孝敬父母、尊敬老师、友爱兄弟、与人和睦相处，形成谦恭有礼、严谨诚信的态度，培养出孝悌忠信、礼义廉耻的品德，走上社会后自然懂得如何与领导、同事、朋友乃至陌生人和谐交往的相处之道。

学习和传承中华优秀传统文化的孝亲和尊师。就是要求我们每个人要对自己的父母孝敬，推己及人，孝敬天下所有的父母；尊重自己的老师，"老师教，须敬听，老师命，行勿懒"（《弟子规》）。推而广之，对任何人的老师都尊重。

孝亲尊师这个习惯，一定帮孩子养成。我们自己要先做到，带动孩子做到，孩子的大根大本有了，成绩、才艺等是枝末，根本有了，枝叶花果不求自来。反过来，如果没有孝亲尊师的根本，那就像瓶子里的插花，植物没有根，几天就会枯萎凋零。

因此，我们要铭记古圣先贤对我们的教导，一定要养成孝亲尊师的习惯。

# 三、尊老爱幼

　　有许多关于尊老爱幼的名言佳句出自《弟子规》,如:"首孝悌,次谨信。"要求我们对自己的父母孝顺、恭敬,要知道大小。"或饮食,或坐走,长者先,幼者后。""兄道友,弟道恭。"说的是对待长幼,要有顺序,我们对尊长,对我们的师长、年长的人或者是只要是"长",无论是比我们年龄大,还是比我们辈分高,我们一定要尊重人家。我们要是没养成这个习惯,就会没大没小。所以,我们要及早告诉孩子人伦五常,"父子有亲,夫妇有别,兄友弟恭,朋友有信,君臣有义"。(《孟子·滕文公章句上》)在这五伦关系中,为人处世要长幼有序,待人接物要遵循"仁、义、礼、智、信"。

　　"称尊长,勿呼名,对尊长,勿见能。"(《弟子规》)有些人对古代圣贤教诲没有足够的恭敬心,坐也无所谓,称呼也无所谓,行住坐卧、待人接物缺乏应有的礼节。"长者立,幼勿坐,长者坐,命乃坐。"(《弟子规》)我们一直提倡给老年人让座,我觉得在车上,如果身边有一位老年人在那儿站着,我会感觉如坐针毡,根本坐不住。我以前坐车出差,经常没座,都让出去了。我记得早年间坐的火车叫绿皮车,座位是那种硬座,

尊老爱幼

当时自己年轻力壮，看到年长的、有妇女带孩子的，或身体不好的，我就不好意思坐，就会起身让座。我们一定要尊敬长辈，只要有尊长在身边，我们都要尊重，要有礼数。

我们对一切弱小都要爱护，要有同情心，有悲悯心。由此推己及人，我们现在推行的公益行动有爱护流浪动物、有护生这两项，之所以做这些，是因为它们是弱小，需要我们的保护。

我们比它们强大，它们是弱势群体，我们把对幼小的爱护，扩展到爱护弱势群体，然后扩展到爱护一切动物。

大家都非常熟悉孟子教导我们尊老爱幼的那句话："老吾老，以及人之老；幼吾幼，以及人之幼。"（《孟子·梁惠王上》）"老吾老"的第一个"老"是尊敬的意思，"老吾老"是我尊敬我自己的父母、师长。"以及人之老。""以"就是推己及人，尊敬别人的父母，尊敬别人的师长。"幼吾幼。"第一个"幼"也是动词，就是抚养、爱护自己的孩子，"吾幼"是自己的孩子，然后推己及人，爱护、照顾别人的孩子，这就是慈悲了，就是《弟子规》所倡导的"泛爱众"了。

其实，当一个人懂得了有大有小、长幼有序，自然就能推己及人爱护别人的孩子，再推而广之，一切天下弱势群体我们都热爱，再推而广之，动物我们也都爱，任何小动物我们都爱护。我们不就具备了慈悲心、平等心吗？良好的品德就可以发挥出来了。

尊老爱幼做到了，悌道就比较容易做到。我们从孝道开始延伸到爱天下一切老人，我们从悌道延伸到爱天下一切兄弟姐妹。"长"的爱护幼的，幼的尊重"长"的，我们就由近及远去推及。养成这种习惯，我们一生不管走到哪里，都会受人尊重，被人赞叹有礼貌，有家教，有修养。

家是最小国，国是千万家。"人人亲其亲，长其长，而天下平。"（《孟子·离娄章句上》）人人亲爱自己的亲人，尊敬自己的长辈，推而广之，尊重敬爱天下所有的人，天下自然就太平了。我们如果在日常生活中能做到"泛爱众，而亲仁"，像孟子说的那样"亲其亲，长其长"，那社会乃至整个世界一定会是和睦、和谐、和平的。

# 四、诚实守信

    第四个要养成的好习惯是诚实守信。我们常听人说现在是信任危机，危机就是没有信任。谁也不敢相信，你骗我，我骗你，没几句实话。所以家长没办法，出于被动防范，就教育孩子千万不要相信别人，相信别人就会被骗。其实，"行有不得，反求诸己"，我们如果想改变这种现状，就应该教育孩子要有智慧，教给他们如何识别善恶真伪，而且家长要带头以身作则，讲信用。人无信无以立身，人一旦没有信用，就没有做人之本了。古人做人做事情特别讲诚信，不管哪一个行业，都特别讲信用，这是从古至今几千年传承下来的传统美德，我们一定要培养孩子诚实守信的好习惯。孔子在《论语》中说："人而无信，不知其可也。"意思是说："人要是失去了信用，不知道他还可以做什么。"孟子说过："诚者，天之道也；思诚者，人之道也。"意思是说："诚信是自然的规律，追求诚信是做人的规律。"周总理一生受广大人民爱戴，他说过："世界上最聪明的人是最老实的人，因为只有老实的人才能经得起事实和历史的考验。"英国最杰出的戏剧家莎士比亚说过："失去了诚信，就等同于敌人毁灭了自己。"诚信是最美好的品德，也是最难得

诚实守信

的品德，培养这种品德越早越好。父母与孩子生活，无论大事小事，都应该真诚，都应该做到言而有信。这样，孩子在我们身上就学会了诚实守信。如果我们父母做人虚假，孩子在这样的环境中熏陶，他就很难拥有真诚的品质，因为孩子跟什么人学什么人。父母是原件，孩子是复印件，这点差不了。父母对谁都要讲信用，特别是对孩子。不能因为他小，或者认为他是我的孩子，我就可以不在意。不要小瞧孩子，他们都有敏锐的观察力，家长的一言一行，他们都看在眼里，记在心里。我们做人诚实，做事讲信用，孩子会心里佩服。如果我们虚情假意，做事没有信用，孩子嘴上不说，心里会瞧不起我们。如果让孩子不知不觉间跟我们学会了这些不良的习惯，到时再改就不容易了。所以，我们为人父母的，一定要先端正自己，才能让孩子养成诚实守信的好习惯。

# 五、勤劳

第五个习惯是勤劳。

爱迪生实验了数以千次才成功发明电灯，他做这项发明目的是让这个发明能够更好地利益别人。有些人认为不需要勤劳，只需要有足够的天分就能取得成功。有些人认为有一些发明就是懒人发明的，勤劳的人反而发明不了。实际上，这是一种错误的想法。搞发明的人在做发明研究的时候是很勤劳的。通常来讲，任何人的成功都需要勤劳的品质。苹果手机的创始人乔布斯，是一个非常勤劳的人。董明珠由一名业务员全国各地到处跑，经过二十多年，很勤恳很努力地拼搏，最终从"打工女皇"成长为格力电器的"掌门人"。

勤劳是人们取得成就的一个重要品质。孔子说："好古，敏以求之者也。""敏"就是勤奋读书。

我们概莫能外，没有人可以天天在那儿躺着，玩游戏，看电视，就能获得大的成就。这是不可能的。孔子、孟子、朱熹、王阳明，都是无比勤奋的代表。

一个人要是不勤奋、好吃懒做，这个人基本上不会取得什么成就。孔子生活的那个时代，有一个叫叶公的人，问子路："你们的老师是一个什么样的人呢？"孔子那时已经很有名气。子路想了半天，说："我们老师好的地方太多了，如果你让我讲，一时不知道从何说起，因为老师的优点太多了。"子路回去就跟老师把这件事说了，并且告诉老师他没回答，不知道怎么回答。孔子说："你为什么不这样说：他的为人，发愤用功到连吃饭都忘了，快乐得忘记了忧愁，不知道衰老将要到来，如此等等。"

孔子的这一段话，当然是自嘲，他老人家谦卑，没有说自己的德行有多好。孔子是我们学习的榜样，他非常勤奋，晚年的时候，把六经整理了出来，并加以注解，这是一项浩大的工程。孔子怎么会有这么大的贡献？就是因为他勤奋。我们用数量来做比喻，一般人做事情只能做一百件，懒一点的人只做十件，其他的都是别人替他做。而像孔子这样的圣人，他可以做一万件，十万件。做得太多了。为什么能做到这么多呢？就是因为他们发奋、勤劳，一生不懈怠！人的精力就像海绵里的水，挤一挤总还是有的，我们不用就荒废了，总想着再睡会儿，再吃一会儿，再玩一会儿，把时间都用在这些上面了。

一天对每个人来说都一样，都是二十四小时，有八小时可以睡觉，那剩下的十六个小时我们怎么过？勤奋的人用这十六个小时创造很大的价值，做正事。而有的人呢？早上起来慢慢腾腾地吃点饭，看会儿手机，上班，喝点茶水，消极怠工。到中午出去吃饭，喝一点儿酒，下午迷迷瞪瞪，没事儿再看看手机，聊聊天。下班后，吃点饭再喝一点酒，看看电视，或者打个麻将，或者再看会儿手机，磨磨蹭蹭地睡觉，这一天就过去了。

勤劳

勤奋的人一天，赶上我们半个月，人家一天做很多工作，学习了很多东西，成长了很多。人和人真是"性相近，习相远"。

小时候，外面没活儿干的时候，我们就在家干活儿，比如挑豆子。把好的豆子挑出来留种，再挑一些要挤豆油的，把破损的、霉的、石头挑出来。勤奋的人挑豆子时一直挑，一直挑，一刻不闲，不一会儿就能挑出挺大一堆。有的人东张张西望望，一会儿弄一个，一会儿弄一个，经过一两个小时或者两三个小时，就看出能干的人和不能干的人差太多了。不能干的只挑一两把，能干的挑一大堆。豆子是豆子，破损的、石头全都挑出来了。这只是一天，如果是一年，那人的差距就没法比了。

为什么有的人一生碌碌无为？因为他总是荒废光阴。韩愈先生在《进学解》中告诫我们说："业精于勤，荒于嬉，行成于思，毁于随。"有的人总是在荒废时间，荒于嬉，无所事事，只顾玩乐。业精于勤，不管做什么都需要勤奋，如果人能够勤劳并坚持不懈，那这个人一生赶上别人十辈子，或者赶上十个人的一生。圣贤就是这样，他一个人能顶上几百个人、几千个人所做的事业。

我们一定要让孩子从小养成勤劳的习惯。在孩子小时候就应该让他们早点学着自己做事情，比如穿衣服、拿筷子等力所能及的事情，越早越好，只要他们能做的就让他们自己做，这不是为难他们，这是让他们养成一个自己的事情自己干的勤劳的好习惯，他们养成这个习惯后，一生都受用。有的家长什么都替孩子干，孩子十几岁甚至到了二十几岁，啥事都不会干，当然就不可能勤劳了。这会把孩子给害了。"慈母多娇儿。"什么事都包办代替，就是这个道理。实际上，人越不勤劳就越感受不到幸福。勤劳的人在干活儿的时候，他们是很快乐的。而家长却剥夺了孩子在勤劳中获得快乐。一个人懒惰，那这个人很难成功，大的快乐就没了，就被家长剥夺了。我们用所谓的"爱"包办代替，让孩子养成放纵懒惰的习惯，最后人生的那些幸福、成就他们就获得不了。他们获得的都是挫败感。

孩子要通过勤劳致富，通过勤劳去创业，通过勤劳让自己获得一个幸福的人生。

"父母呼，应勿缓。"（《弟子规》）父母喊自己的时候就要快速、及时地回应，要有礼貌。"父母命，行勿懒。"（《弟子规》）孩子养成勤劳的习惯，别让他们懒。"一勤天下无难事，一懒天下全难事。"老人们常说："眼是懒汉，手是好汉。"我干活儿种地、盖房子、上山砍柴，特别是种地时，不管是哪个活儿，只要一干起来就抓紧时间干，不会去想："怎么这么多？什么时候能干完呢？"如果这么想，你就会犯怵。别想，干一个少一个，别人总在想、内心在抵触的时候，我已经开始干了，很快就克服了。我就是在干活儿的时候一次又一次地突破障碍。不管多大的活儿，我勤快，化整为零赶快做，最终养成了不惧怕困难的心态。

人的智慧、动手能力、克服困难的能力、不畏难的品质都是在干活儿做事中练出来的。如果害怕困难就不干了，那就完了。我曾走过一整天的路，从早晨走到傍晚，不停地走，当然了，中途饿了会吃点东西，实在累得不行了，就坐着休息一会儿。走了一整天，有了这个经历后，从此不再犯怵走路。我们一旦让孩子从小就养成勤劳的习惯，他就容易克服困难，一般的困难对他来说都是"小菜一碟"。

有亲子专家讲过，作为一个母亲要把一半的爱藏起来。什么意思呢？我们如果付出百分百的爱来爱孩子，就容易爱过头，所以要藏起来一半。

人类是陪伴孩子最长的，要陪伴几十年，动物做不到。俗话说："牛犊子出生拜四方。"小牛刚出生，它就跪在那儿，起来一晃又倒了，起来又倒了，就这么反复多次之后，它就能够站起来了。为什么？因为不能站起来走路，它就会被天敌老虎和狮子等吃掉，它要快速地适应生存环境，不能长时间地等。动物教孩子的时候，没有溺爱一说，它的教育都很适中。比如鸟孵蛋的时候，父母特别勤劳，下雨的时候给鸟蛋挡雨，有时间就靠身体的热量孵。小鸟出壳后就开始喂它们，非常勤劳，到处找虫子喂食。小鸟能飞的时候就让它们自己飞。父母觉得孩子能自由地翱翔了，能逃过天敌了，能捕食了，它就不管了。

动物看似无情却有情。我写过一个帖子，名叫《有一种无情是有情》，动物的这种培养是一种有情。为什么？因为它要是像人类那么溺爱小鸟，对小鸟说："孩子们，你们别起来了，你们别去觅食了，让妈妈管你们吧。"最后，小鸟们就不能学会飞，那就完了，当鸟妈妈离开的时候，天敌一来小鸟就要被吃掉，或者鸟妈妈如果自己老了或者遇着意外死了，孩子没有觅食的能力，没有飞翔的能力，它们很快就会死掉。我觉得动物的这种培养不过头，而是适中的。人们对下一代的培养容易过头，五分的爱就够了，却给十分，甚至更多。

# 六、吃苦

　　我是二十世纪六十年代出生的人，读完书、参加工作后，赶上了改革开放，条件逐渐好了起来。我们这一代人教育孩子有一个大问题，那就是矫枉过正，父母不想让孩子吃苦。他们自己吃过苦，心里惧怕苦，苦给他们带来过一些负面的伤痛，累积在他们的内心，成了他们抹不去的记忆。这种情结，有了孩子后，特别是条件好了后，他们不想再让孩子也吃苦。他们认为过去自己什么都吃不上，现在得让我的孩子什么都吃得上，什么都穿得上，什么都玩得上。这种矫枉过正，这种盲目的、过度的给予，导致一批孩子不能吃苦。从小看人家孩子弹钢琴、拉小提琴，自己小时候没玩儿过，然后就买钢琴、小提琴让孩子玩，实际都是在为曾经那个缺失的自己做弥补。我认识一位年轻爸爸，他小时候家里太穷，买不起玩具，别人总买玩具，他心里特别不平衡。长大成家后，有钱了，他就给儿子买各种各样的玩具。儿子还不喜欢，他说你不喜欢，那我来玩，那时候我没玩过。实际上，这是一种补偿。这一代人中的很多家长培养出来的孩子不能吃苦，因为他们不想让孩子吃苦。不能让孩子住的条件差，什么条件都是最好的。不能让孩子吃苦，吃苦了呢，怕别人笑话。孩子要是吃苦，很容易勾起家长曾经被吃苦伤害过的回忆，触及内心的伤痛。家长会受不了，而不是孩子受不了。于是家长就拼命地挣钱，拼命地呵护孩子，让他们享受。最后，家长就盲目地无意识地把孩子害了。因为孩子这一生，必须要吃苦，为什么呢？因为这个世界就是一个"勘忍"的世界。"堪忍"的世界就是吃苦的世界。人生有很多种苦是需要人去承受的，如果孩子从小无论哪种苦都能承受，那么他将来会承受不了挫折吗？所以，我们如果包办代替，不想让孩子吃苦，就等于现在埋下了让孩子将来受苦的种子，因为我们代替不了他。比如说，孩子学习失败的苦，我们代替不了；跟别人交往遭遇挫折的苦，我们也代替不了。

一位心理学专家说，一个家长如果不让孩子吃苦，就是对孩子不负责任。因为很多智慧、经验是从吃苦中获得的。因此，我们不应该剥夺一个孩子在吃苦中受益的权利，在吃苦中成长的权利，在吃苦中得到智慧的权利。家长如果全给孩子剥夺了，就等于让他们的后半生痛苦。

孟子说："天将降大任于斯人也，必先苦其心志，劳其筋骨，饿其体肤，空乏其身，行拂乱其所为，所以动心忍性，增益其所不能。"

我小时候冬天上山砍柴，要翻两座山，扛爬犁。回来的时候，拉着满满的一爬犁柴火，到家时，已经是下午四五点钟了。那时都是早晨就上山，带着干粮，有时渴了就吃雪，干粮都是凉的。下山拖着柴火，咬着牙，又饿又冻，身体又疲乏，孟子说："饿其体肤，空乏其身。"大丈夫就是这么练出来的，咬着

吃苦

牙，也得坚持住，不能哭鼻子，或者撂挑子不干。

有的家长处处用自己的努力代替孩子去做，没有让孩子在不如意中受挫折，没有让他们产生一种坚忍的力量。孟子说："行拂乱其所为。"就是别让他太如意，让他在这个过程中受一些挫折。我觉得我后来无论是做学问，还是说做事业，为什么能够坚持，就是因为我能吃苦。

在贫困山区做公益，时间久了，很多人都受不了，没吃过苦的人都受不了。我常常是团队中年龄最大的，我说我吃得了苦，你们凭啥吃不了苦？做公益的时候，坐车要坐五六个小时，山路不是平路，还得走一两个小时，每天都是如此。半个月以后，大家脸上肌肉都僵得不会笑了，人疲劳到神经麻木了，有些人坚持不了。我跟他们说，这就是锻炼，你要是挺住，你就是好汉，就这样鼓励他们。大部分人都不错，都坚持下来了。

# 七、节俭

一个人的成长历程，就好比耕耘一块田，想让田长好苗儿，就要勤除草。如果田里都是草，苗儿就长得不好。有的农民，家里的地非常清爽，很少有草，所以，地里的苗儿长得又高又壮，秋天收获满满。而有的农民疏于管理，地里的草和苗儿就差不多。到了秋天，庄稼又细，又东倒西歪，人家地里的玉米长两个棒，他的长一个。收成跟人家一比，差三分之一，甚至差一半。为什么同样的地，差距那么大？有经验的农民懂得什么时候育苗，什么时候种地，什么时候浇水、施肥、松土、除草，按着这样的节奏、种地的规律侍弄地，庄稼就会长得很好。我们对孩子的培养也是如此，孩子很小的时候帮他养成一个个好习惯，就等于孩子的心田里，草很少，苗儿很多，这苗儿就能长得又直又快又高，生机勃勃。如果我们不懂得教育，让孩子养成一身的坏习惯，那就犹如地里全是草了。人生都是由习惯累积而成的，要么是好习惯，要么是坏习惯。

节俭，指的是懂得节制。唐朝著名诗人李商隐在《咏史》中说："历览前贤国与家，成由勤俭破由奢。"这两句诗说的是，以前的那些国也好，大家族也好，成功都是因为勤俭，失败都是因为奢侈浪费。那些辉煌的王朝，最后之所以破败，都是因为后期的那些帝王带头奢侈浪费，骄奢淫欲，祖先打下的江山基业在他们手上败坏了。

中国有句古话："富不过三代。"讲的是第一代的人，非常勤劳，创业时能吃苦，好的品质全都具备。第二代叫富二代，品行就差一点，到了第三代时，家业基本上就败了。不过，这句话有点绝对。历史上也有很多大家族，能够一代一代地兴旺。举例来说，范仲淹的家族已经延续八九百年了，依然非常出色，其中一个重要的原因，就是他们都很节俭。

我母亲是节俭的典范。她是一九六〇年结婚的，如今，六十多年过去了，结婚时的盆儿还在用，由于长期磨损，盆底已经漏过多次了，漏了就补，补好了继续用。

节俭是一个非常好的品质。现在，很多人没有了这个好传统。我们那时的衣服是"新三年旧三年，缝缝补补又三年"。我有一件中山装穿了十二年，兜都穿没了。现在，很多人的衣服一般只穿一两年。不知节俭，就是浪费福报，浪费社会资源。

如果我们的理想是，一年花销二十万，那我们就会努力地赚钱，来保障这个花销。如果降低物质追求的水平，觉得有一两万元就能生活得很好，那我们就不用那么拼，就不需要买那么多衣服，不需要买很多没用的东西，就能做到不奢侈，不浪费，能够安贫乐道，身心自然快乐。

我的第一大消费就是做公益，做很多很多善事，这让我心里很快乐；而那些一年消费二三十万的人，却很痛苦。很多有

节俭

大爱的人，平时不怎么买衣服，吃得少，还清淡，活得很快乐。这多好啊，既不败家，也不浪费自己的福报。这个好习惯应该让孩子早点养成。千万不要让他们养成奢侈的习惯，那样，有多少钱也不够他们败的，过得不幸福的同时，还浪费他们的福报。

中国有句古话："禄尽寿终，福尽罪来。"福报一旦没了，罪就来了。因此，节俭就是惜福。把钱拿去做公益就是培福。我们要让孩子养成节俭的好习惯，让他们拿出一点钱来去培福，做点公益。钱不需要太多，不一定让他们一下子捐很多钱，可以一个月捐五块或一天捐一块，慢慢养成帮助别人的好习惯。孩子如果养成了奢侈的习惯，他们一辈子的生活标准就很难降下来。因此，我们一定要永远保持一个低标准。司马光说过："由俭入奢易，由奢入俭难。"原本很节俭，后来变得很奢侈，很容易；但是，要回头，就难了，一旦标准提高了了，就回不去了。家长一定要记住：你再有钱也要适可而止，千万别让孩子养成奢侈的习惯。

洛克菲勒家族是美国的一个家族，非常有钱，但他们的孩子该花多少零花钱都有数，一个月只给几美元，该走路时走路，而不是用好车接送，一切从简。他们养成了节俭的家风，所有人都不浪费，所以，他们的家族才一直兴旺。

墨子说过："俭节则昌，淫佚则亡。"一个人节俭，会逐渐昌盛，家族也会长久。有的孩子不节俭，不只是大人惯孩子的问题，还有大人不节俭的问题。不妨回想一下，我们买过多少衣服？多少首饰？多少化妆品？父母没有带好头，孩子就难带。

孩子会说："你都穿名牌，为啥不给我买名牌。"父母说："我这是工作需要。"孩子会反驳说："我也需要。"看看，父母根本没办法说服孩子。因此，父母就要带头养成节俭的习惯。

# 八、自立

一个人想成就任何事，都得自立。如果养成依赖的习惯，他不可能成就任何大业。比如说，那些"啃老族"到了三四十岁依然依赖老人，永远不自立。现在，很多孩子养成了不自立的坏习惯，什么事情都得爸爸妈妈陪着他们做。家长该放手时就得放手，那是我们的责任、我们的爱，但该放手时就得放手，如果不让孩子养成自立的习惯，他们就永远依赖家长。自立最低的标准是，自己的事情自己干，比如说自己穿衣服，自己吃饭，自己用筷子。

该学习的时候，家长就要告诉孩子，这是你自己的事情，不是爸妈的事情。现在，很多孩子做作业的时候，老师跟着，家长盯着。做作业原本是他们自己的事情，可为什么要弄这么一堆人跟着他们呢？原因在于，在孩子还小的时候，家长事事都替他们做。有的孩子做作业，不需要家长陪着。做完作业后，顶多需要家长签个字，早早地就养成了独立自主的好习惯。有独立思维，一切事情他都要自己负责。这两种类型的孩子，差别还是很大的。

我读书的时候，在学校住宿。当时有洗衣服比赛，我是班里选出来去参加洗衣服比赛的两个标兵之一。我为什么能被选出来？因为我自己的事情都是自己干，那时没有现成的被套、褥套，需要自己缝，自己拿来针线，缝线溜着呢；然后自己浆洗，洗得很快。我早就习惯了自己的事情自己做，任何事情都不想让父母操心。

我们常说："要孝顺父母。"如果让父母操一辈子心，这难道叫孝顺？因此，我常说，孝顺最低的底线是不让父母操心。让孩子养成自立的习惯，要从小抓起。我女儿小的时候，只要她能干的，我就不会替她干。为什么？父母如果过多地替孩子做事，孩子就会觉得这些都是爸妈的事儿。举例来说，高考期间，吃完饭女儿照常洗碗。我并没有告诉她："算了吧，赶紧去学习吧，不用洗碗了。"她早就习惯了，洗碗洗得很快，不一会儿就洗完了。我总教育她，做事情就要像诸葛亮那样"谈笑间，樯橹灰飞烟灭"（苏轼《念奴娇·赤壁怀古》），要举重若轻。事情很重大，但做起来要举重若轻。她从小就练就了这种品质，上学后，做事得心应手，当班长，当学生会的干部，当外联部的干部，都干得不错。

她的这些能力都不是天生的，而是一点一点练出来的。后来，她出国留学，我想送她去国外，她不让我送，自己一个人就把事情轻轻松松地做完了。出发之前，她就把住宿的事情联系好了。人还没到国外，她已经交了一些国外的朋友。当时，我心里有点儿不舒服，心想，女儿怎么就不依赖我呢？后来转念又想，她要是哭哭啼啼地说："你必须送我。"那我肯定会对她在国外的生活感到担忧。

现在，她在国外的一家公司任职。疫情防控期间，她居家办公，怕我担忧，就经常安慰我："爸爸，我什么物品都齐全，您就放心吧。"我顿时感到欣慰不已。孩子养成自立的习惯后，一辈子都不会麻烦父母。不然的话，父母就会一辈子牵挂他们。

《易经》说："天行健，君子以自强不息。"作为一名君子，要自强不息。如何自强呢？自立才能自强。如果永远需要妈妈陪伴，上大学后，妈妈还得提着锅碗瓢盆，操心孩子的生活起居，自然没法自强。当然了，家长爱孩子，适当帮孩子做事情是可以的。但是，只要是孩子能自己做的，家长就不要替他们做，给他们足够的爱就可以了，不要给他们太多。给他们太多，自立的习惯就养成不了。

我非常喜欢教育专家陶行知。他有一副对联，我经常讲给我的学生听。那副对联是："滴自己的汗，吃自己的饭；自己的事情自己干；靠人靠天靠祖上，不算是好汉。"一个人如果凡事都依靠父母，就不会有任何出息。

孩子五六岁、六七岁的时候就应该替父母分忧了，就应该处处替父母着想，替家庭考虑。有的孩子不是这样的。比如说，家里来客人了，大人忙得要命，孩子却玩得要命。孩子在心里说："家里的事与我没关系。家里来了客人，跟我没关系。炒菜弄饭，收拾东西，招待客人，是家长的事。"结果就是，家长忙得不亦乐乎，孩子却在那儿玩游戏。

现在，有的孩子已经二十多岁了，却依然觉得家庭的责任与"我"没关系，"我"只管花钱、玩儿、享受，事情有父母帮忙干。

自立

我不相信，一个人在原生家庭中什么也不做，处处依赖人，走上社会后会有出息。

我觉得没有什么事情是不能自己解决的。除了婚姻大事需要征得父母的同意，其他事情我都没有让父母操心。家庭里的各种琐事，父母已经操心够多的了，我自己的事情就别让他们再操心了。事情做得好，时间久了，父母对我就非常放心。

我们的孩子如果已经养成了依赖的习惯，那我们该怎么办？慢慢地帮他们改正，父母陪伴他们一起改正，用顽强的毅力和耐心，一点一点改正。虽然改正的过程好辛苦，但一定要改。如果不改，孩子的一生一定是失败的、痛苦的。

# 九、懂得感恩

经过多年的研究，我发现懂得感恩对一个人来说太重要了。现在，有些孩子，只想着提高学习成绩，却不懂得对父母和师长的感恩。

如果对自己父母都不懂得感恩，就更谈不上对别人感恩了。有些人做生意或交朋友时，经常在一起吃吃喝喝，处得挺好。但是，一旦遇到关系经济利益的事情，或者遇到某些问题，就会起争执，甚至反目成仇。根源就是他们没有感恩之心。在有的家庭里，孩子对父母的态度是，父母得无限度地满足他。如果哪天没有满足他，他就不开心。有了点小成就，他便整天地吃喝玩乐，不管自己的父母。我曾见识过类似的事情：四个孩子全都有房、有车，但谁都不管他们八十多岁的老母亲。父母给予他们生命，给予他们二十多年的养育之恩，他们长大后却全都忘了。

《增广贤文》里有一句话："羊有跪乳之恩，鸦有反哺之义。"小羊吃奶的时候，它是跪着的。乌鸦老了后，小乌鸦就开始反哺父母。"你养我小，我养你老。"它们给老乌鸦找东西吃。我曾看过一个视频，讲的是：一只小猫在它妈妈死掉后，依然到处给它妈妈找肉吃，自己不吃。找到一块肉，就把肉放在妈妈嘴边，认为妈妈还能活过来。看到这样的镜头，都会觉得动物比我们强很多。

有一个小朋友，名叫海萱。她有一个疯妈妈和智力有些缺陷的爸爸。海萱小小年纪便独自撑起家，炒菜，做饭，洗衣服，给妈妈洗头……她就是懂得感恩的典范。有几个人能像她那样？现在，有的孩子已经十多岁了，让他干一点活儿，他老大不高兴，立刻给你脸色看。这实在是一个大问题。

在古代，一个人如果不懂得孝道和感恩，就会遭人耻笑。儿女就应该早早地帮父母干活，洗衣服、做饭。

我们现在的家庭教育，大部分都是宠爱过度。我们对孩子宠爱过多，不让孩子吃这个苦，不让孩子体验那个艰辛。他没体验过，自然不懂得爸爸挣钱有多么辛苦，妈妈做家务有多辛苦。

古人说："谁知盘中餐，粒粒皆辛苦。"农民种地，从种到收：留种，育苗，拣苗，翻地，培垄，播种，封土，浇水，施肥，除草，松土，收割……哪一样都不能马虎。就拿种玉米来说吧，夏天在玉米地里除草，玉米叶子上有刺，穿厚衣服太热，穿薄衣服，手和胳膊就会被划得一道一道的，是要遭罪的。玉米成熟后，我们要把棒子掰下来，把外面的叶子都去掉，晾晒玉米棒子。晒干后，搲、扒、挑，加工、粉碎、打成面，最后才能做成能吃的食品。我们要让孩子从春天就做这个事情，让他们到地里跟着我们做。秋天的时候，继续让他们跟着我们做。最后，看到盘中餐的时候，他们就懂得吃到这点东西实在是太不容易了。这样，他们自然会懂得节省粮食。一看到粮食，他们就会想起自己曾经出过的力、流过的汗、受过的罪。

小海萱的父亲装五小时的车才挣五十块钱。海萱要是不知道他父亲这么辛苦，她很可能对此体会不深。知道父亲那么不容易，她便懂得感恩。亲自去体验，就会有所感受。"习劳知感恩"，因此，父母千万别剥夺孩子亲自体验生活的权利，这些是多少钱都买不来的。

再举个例子，自来水是怎么来的？要想知道水是怎么来的，就要让孩子去水源地看看。从水源地，一段一段的管道铺设到城市来，那要经过很长很长的路。最后，来到小区，再来到楼里，再通过加压，我们才能用上水。

俗话说："不养儿不知父母恩。"自己要是不亲自体验，就不知道养孩子有多么不容易。孩子一会儿哭，一会儿闹，照顾他们起码要十几年，实在是太不容易了。父母要早点让孩子体验这些，越早越好。一定要告诉他们，爸妈挣钱是不容易的。否则，孩子根本体会不到家长的辛苦。

我的生活体验非常丰富。跟着爸爸砍柴、种地、干农活、盖房子；跟着妈妈筛白灰、捡煤渣。这些经历让我感受到父母有多么不容易。家长可以让孩子做一顿饭，让他们体验妈妈有多不容易。买菜、择菜、洗菜、切菜，还得做饭，又得熬汤。有时要花上好几个小时，才能把饭菜端到桌上来。

对孩子要"狠一点"。这个"狠"不是"恶狠狠"。我说的"狠一点"，指的是父母要把爱留一点，特别是母亲，要把爱藏一半，留一些活儿让孩子干，让孩子多体验一下生活。如果什么家务都不让他们干，他们就会习惯了索取，忘记感恩。他们就会觉得爸爸挣钱好容易，妈妈干活好容易，他就会好吃懒做，将来对谁都不会感恩。任何人为他做事，他都会觉得是别人应该做的。他甚至还会觉得，他们没有我妈做得好，没有我妈疼我。

俄罗斯有一个权威的心理学家讲过自己的亲身体会：她从不让自己孩子干活。后来，她觉得需要改变这个状况。一天，孩子回到家里后，见饭菜没有准备好，就好奇地问："妈妈，您怎么没做饭？"妈妈回答说："我病了，病得不行了，你想办法给我弄点吃的吧。"没办法，孩子只好自己煮饭。第二天，她接着装病。一周后，孩子便能熟练地做各种家事了。回到家，孩子便说："妈妈你得吃药了。你别动，你得好好休息。"家务活儿他干得倍儿溜。

家里有保姆的，孩子就没有体验的机会。家有保姆，主人就不干活儿，孩子更不会干。孩子觉得爸妈给保姆钱，所有的活都得保姆干。鞋子到处扔，东西到处放。因此，尽量不要请保姆。

作为母亲，一定要忍，要狠得下心。当然了，孩子才一两岁，你就让他们干活，或者让小孩子干重活，那就不对了。我们既要慈爱，也要有智慧。要让孩子干他们力所能及的。他会觉得这个事情我应该干，他会懂得换位思考。如果父母从来不教孩子换位思考，那他们就不会有爱心，不会体验别人的辛苦，将来与人相处，问题就会有很多，走到哪里都不会受欢迎。这一点母亲一定要注意，要忍住，挺住。有些母亲忍不住，容易母爱泛滥。

懂得感恩

父母，尤其是母亲要"忍住"。不然，就没法"开始"。比如说拖地，一开始，孩子肯定会弄一地的水，东拖一下，西拖一下。很多人都是这么开始的，我们也不是第一次就能做好。我们应该放开手，让他们干。干一周，他们就能干好。培养他们的德行和习惯，比地干净更重要。他们今天没做好，那没关系，我们一定要忍住，要给他们体验生活的机会。

小海萱菜炒得多好。没有做不好的事，习惯成自然。我们还不至于像小海萱家那样，让自己的孩子干那么多。一定要有智慧地带领孩子，培养他们的感恩心。别等他们长大了，因为他们不懂得感恩，你受他们的气。那时候，你说："你这个孩子，怎么这么没良心？我把你养大，你怎么这样？"这个时候讲这些已经没有用了，孩子已经养成了不懂感恩的习惯，父母说多了，他们反而非常反感，还跟父母对峙。人一旦习惯了"得到"，便会忘记"感恩"。因此，没有教不好的孩子，只有不会教的父母。行有不得，反求诸己。

感恩是一切美德的前提。一个人如果没有感恩心，不可能有什么美德。我们得处处感恩，对党感恩，对国家感恩，对一切感恩。

感恩是健康人格的基础，也就是说，懂得感恩的人，人格才是健康的。如果我们的孩子不懂得感恩，那就说明我们没有帮孩子培养出健康的人格。拥有健康人格的那些人，君子、圣贤，都是懂得感恩的典范。人格不健康的人，才会翻脸无情。因此，一个人的人格健不健康，可以用是否懂得感恩验证一下。

我们不必要求孩子："你要孝顺我，你要感恩我。"我们只需帮孩子培养出健康的人格，他们自然会孝顺和懂得感恩。孩子一两岁、两三岁时，父母要知道教育的规律和方法，一点点培养他们，等他们长到六七岁时，孩子就会拥有健康的人格。否则，孩子到了十几岁，也就是青春期时，整天惹你生气。这是父母自己种下的苦果，酿下的苦酒，就得自己负责，自食其果。

圣贤都是在小时候就把德行培养出来了，就把习惯培养出来了。在青年期，好习惯、好品德都养成了，那父母就不太需要为孩子操心，孩子不太可能堕入很可怕的境地。如果我们在孩子世界观、人生观、价值观形成的关键期，帮他们把好习惯和好德行培养出来，父母和孩子以后的人生就会幸福。

父母一定要清醒，不要觉得，小的时候无所谓，长大后就好了。没有这回事。"苟不教，性乃迁"，人的习惯都是从小和需要长期养成的，很大程度上不可能某一天突然变好。

# 十、懂礼貌

　　孩子应该养成的第十个好习惯是懂礼貌的好习惯。中国自古以来就是"礼仪之邦"。

　　"有礼走遍天下。"一个人之所以人际关系好，招人喜欢，很重要的原因，就是因为他有礼貌。单位招聘人才的时候，都喜欢彬彬有礼的人。

　　古代的"礼"，在现在很多孩子身上几乎见不到了。比如说，走路的时候，要长幼有序，让长辈在前面走。但现在很多孩子不懂这些规矩。我们小时候，长辈来家里时，我们晚辈要赶紧迎来送往。长辈要是走过道，我们小孩子要赶紧闪出来，靠墙站立，给长辈让路。

　　吃饭时，现在很多孩子随意坐。大人说："你不能坐，这个是长辈的座位。"孩子不但不听，还用筷子叮叮当当地敲，边敲边说："我要吃这个，我要吃那个。"我们小时候，哪敢这么做！长辈在的时候，我们根本上不了桌，还要在旁边随时准备给长辈们倒茶。

　　小时候，见长辈来了，要赶紧请长辈就座。长辈坐好后，赶紧去烧水、沏茶、倒水。倒水也是有规矩的，得立立正正的，

懂礼貌

水不能够倒满，"满杯酒，半杯茶"。倒满杯酒是欢迎人家，是让人家多喝点；但是茶水是热的，如果倒满了，长辈拿不起来，烫手，也容易洒。茶杯的手把儿，要朝向客人右边，壶嘴儿不能冲着人家。长辈喝酒时，我们得在旁边站着，长辈喝得差不多了，就赶紧给他们满上，就得有这种眼力见儿。

那时候，小孩子根本没有机会上桌，得随时关注长辈这桌，等长辈的酒席散了，我们得赶紧收拾桌子。收拾完了，茶还得摆上，让长辈们喝茶。长辈走的时候，我得赶紧送这些老人回家。现在想来，那个时候的训练，实在是太有用了。

孔子说："君子敬而无失，与人恭而有礼，四海之内，皆兄弟也。"（《论语·颜渊》）一个人恭而有礼，四海之内就皆是兄弟、朋友。

古代非常重视礼。礼是一个人有道德的外在体现，人没有礼，就不会有道德。礼和德是一体的，德是本，礼是外在的用。礼就是道德的规范、行为的准则，整个社会得遵从这些礼节。"不学礼，无以立。"

为什么我们国家在古代能成为让世界人民向往的地方？就是因为中国人有文化。自己有德行，有礼，才能让天下人信服。

孔子强调修德，强调"礼"。他曾向老子问过"礼"。他跟弟子们的对话中，很多都是探讨"礼"的。他认为从朝廷到诸侯，各有各的"礼"。作为平民百姓，我们应该有什么样的"礼"，老祖宗们都给我们传下来了。可惜的是，很多都让我们丢弃了。

家长要是没有帮自己的孩子养成懂礼貌的习惯，那就等于断了孩子成功的路。一个没有礼貌的人，到哪里都不会受欢迎。

没礼，寸步难行。人与动物的不同之处在于，人是有礼的。《晏子春秋》说："凡人之所以贵于禽兽者，以有礼也。"也就是说，人之所以比禽兽高贵，是因为人有礼。

法国思想家蒙田有句名言："礼貌无须花费一文就可以赢得一切。"在一个新的集体里，特别有礼貌的人，很容易就会被人发现。礼是德行的外在表现，很有礼貌的人，人家愿意重用，就会处处赢得机会。没有礼貌的人，处处失去机会，因为人家觉得这个人不值得重用，连个礼貌都没有。

我们要早一点行动，让孩子从小就有礼貌。孩子不可能一辈子跟着父母，在学校里，他们要跟同学和老师交往；参加工作后，他们要跟同事、客户和朋友交往。他们必须处处有礼有节。

作为父母，我们一定要有礼貌。如果父母自己没有礼貌，无理取闹，那孩子也不会有礼貌。现在有的父母带头做没大没小的事，比如说，父亲对儿子说："哥们儿，走。"妈妈对女儿说："来，大姐。"一旦养成这种没大没小的习惯，孩子跟别人相处时就容易无礼。

我们要在孩子小的时候，在他们上幼儿园之前、上小学的时候，就帮他们养成有礼貌的好习惯。

好习惯如何养成呢？最好的方法是学习中华优秀传统文化。家长跟孩子一起学习，好习惯、好德行就能够培养出来。德行一旦有了，孩子到哪里都会受欢迎。

# 十一、谦卑

　　一个好习惯养成以后，我们将终身受益。改正一个坏习惯，非常费力，需要毅力，需要长久地坚持。因此，与其将来花很大的气力去帮孩子改坏习惯，还不如早一点用好习惯替代坏习惯。就像勤劳的习惯一样，人一旦养成勤劳的习惯，就不会懒惰。我一直强调的是，要早早地让孩子养成好习惯。

　　一旦帮孩子养成了好习惯，就等于为孩子铺一条平坦的、顺利的人生之路，他就会走向快乐和幸福，否则，就会走向挫折和痛苦。好习惯是父母送给孩子、让孩子受用一辈子的礼物，比买什么礼物都强。花钱买很贵重的礼物，还不如帮孩子养成让他们一辈子受用的好习惯。作为家长，一定要清醒，要懂得什么才是最根本的、最重要的，千万不要舍本求末，否则会事倍功半。我们要做有智慧的家长。

　　谦卑是一个好习惯。有德行的人自然会谦卑。

　　谷穗儿越成熟，头越垂下；不成熟的谷穗儿，才高高在上。法国哲学家笛卡尔说过："越学习，越觉得自己无知。"

　　当我们学习更高等的经典，就会发现它们博大精深，浩如烟海，自己知道的实在是太少。什么样的人会骄傲？就是那些

"满瓶子不响、半瓶子咣当"的人。他们就好像一个比喻所言："爬了一次牛角，就总结起登山的经验来"。他认为牛角就是一座山，就夸夸其谈地总结，他根本不知道一个牛角和一座山差别有多大。登上一座山后，你会发现山外有山，远处还有更大的山、更高的山。我们知道得太少，见识得太少，才会有自满的心。因此，骄傲的人，他们的标签就是无知，浅薄无知才会骄傲。人知道得越多，越趋向真理，就越会小心翼翼。原来自以为是，后来经过学习，知道自己的无知后会感到汗颜。古圣先贤，比如老子、孔子、孟子，都是那么的谦卑。我们比他们差太多，却骄傲得不行。我们只懂得一点点便开始骄傲。我原来也这样，觉得自己有才，学得多，沾沾自喜。觉得一般人没有我学得这么多：文学、历史、天文、地理、宗教、哲学、心理学、企业管理等，感觉没有我不懂的。但随着内心的觉悟，就觉得以前的自己非常狂妄无知，对往昔沾沾自喜的行为，感到羞愧难当。

一个人如果骄傲自满，就是无知。就像《皇帝的新装》里的那位皇帝，自以为穿着新衣服，实际上根本没穿衣服，裸体到处走，到处丢人现眼。

得道才会有德，有道德的人一定是谦卑的。孔子走到哪里都谨小慎微、彬彬有礼，在那个时代非常受欢迎，教了那么多有名的学生。我们跟孔子怎么比？有孔子的德行吗？差太多了，但我们比孔子骄傲多了。

现在的人们讲求英雄主义、自我主义，人人都觉得自己是最好的。自信没有错，自信是应该有的。但不能自满，自信不是自满。《大禹谟》中说：“满招损，谦受益。”讲的是，自满的人一定会遭受损失，谦卑的人一定会处处受益。三国时代，有一个名叫杨修的人。他太有才了，处处显示比曹操高一筹，惹得曹操烦恼不已。后来，曹操找了个罪名，把他杀掉了。杨修非常有才，但死于自己的傲慢。他是一个恃才傲物、满招损的典型。

我常跟学生讲："谦卑是最好的保护伞。""木秀于林，风必摧之。"（三国·李康《运命论》）一棵树要是长得比其他树高，风就会将它吹断。

真正有德行的人、有智慧的人，走到哪儿都很谦卑，因此人缘非常好。为什么好？因为人家处下位，懂得恭敬别人。

看一个人有没有学问、有没有德行、有没有智慧，就看他是不是谦卑。孔子说："如有周公之才之美，使骄且吝，其余不足观也。"（《论语·泰伯》）圣人说话很到位，有几个人有周公的才？周公的德行？即使有周公那样的才华和德行，如果骄傲又吝啬，其余的就不用再看了。因此，看一个人有没有德行和智慧，就看这一条就足够了。

骄傲就说明这个人没德行、没智慧，有障碍。《道德经》中说："上德不德，是以有德。"意思是说，最好的德行，就好像没德。他们从来不夸耀自己有德行，这就是最上等的德行，不去显示，不去夸耀，不去证明自己有德行，这叫"上德不德，是以有德"。处处夸耀自己有德行的人，反而说明这个人没有德行。《道德经》中还说："强大处下，柔弱处上。"人要处下位，像海一样，处下位才能纳百川。处下是一种智慧，也是一种德行。柔弱处

谦卑

上，树就是这样的，树的根在下，枝叶在上，风一吹，枝叶乱晃，吹得满地都是。

牙齿和舌头也是很好的例子。牙齿很刚强，人老了后，它们却掉了；舌头柔软，一辈子都在，不会磨损。人也是这样，刚强易折，傲慢遭祸灾。俗语说："谦虚日久人人爱，骄傲日久成孤人。"意思就是说，谦虚的人，时间久了人人都爱；骄傲的人，时间久了就会成为孤家寡人，没人理。

谦卑是我们为人处事的妙法。即使人际关系好，工作顺利，人生顺利，也一定要谦卑。我们要谦卑，一定要帮孩子养成谦卑的习惯。现在，很多孩子都成了小公主、小皇帝。这样的孩子将来谁见谁烦，因为他不谦卑，从小唯我独尊。他是最特殊的，什么好的都要给他，又不干活儿，处处享受特权。他认为他就是天下老大，谁也别惹他，他就应该享受最好的。

赏识教育也一定是要有智慧，要适度。怎么表扬孩子？我们如果要表扬孩子，就要顺着人的性德去表扬，多表扬他的德行，少夸耀他的才华。因为一旦夸他有才，他就很容易骄傲；我们要夸他的德行，这样就比较好。比如，可以说："你这么尊重长辈、孝顺父母，真是个好孩子！"他就会想，那我更应该尊重长辈、孝顺父母。如果夸他才华，就比较麻烦。夸他钢琴弹得好，舞蹈跳得好，那他就总想着弹钢琴、跳舞蹈，就不注重德行培养了。他就会觉得弹琴弹得好就足够了，就不需要德行了。

孩子学习好，大家都夸他，这个孩子就会觉得，我学习好，大家都说我厉害，那我就不需要干活儿了。这样会把孩子害了。

因此，我们夸人一定要有度。夸人要奔德行那面夸。

很多家长夸孩子容易夸大其词，孩子做了一点小事，就夸得厉害。比如说，孩子早上干了一点点活，就夸他勤快。这不符合事实。孩子会认为自己干一点点活就已经很好了。

一个人，如果我们刚认识，他孝顺父母，我们可能会不知道；他很善良，我们一开始也不知道。但是，一个人谦不谦卑，一见面立刻就可以知道，说几句话，做几个动作，来几个表情，就显露出来了。所以说，谦卑是德行外在的显现。一个人如果没德行，他外在的表现就是高高在上、目中无人。

如果我们的孩子是个骄傲的人，那他将来很可能会处处不招人喜欢，处处碰壁。要记住："人外有人，天外有天。"我们要告诉孩子，要好好跟别人学习，这个世界上有很多很多优秀的人，要向他们学习。

# 十二、主动性

　　北京师范大学的一个教授，做了二十多年的科学调查，对几百名两岁的孩子进行跟踪式观察，一直观察到二十多岁，不间断、细致地对这些孩子的成长经历进行调查。最后，他得出结论：一个人是否成功，两个品质很重要，一个是主动性，另一个是自制力。成功的人主动性特别强，自制力又特别好；不成功的人正好相反，没有主动性，从来都是被动的，又没有自制力。教授总结，人和人的差距就在"主动性、自制力"这两条上。主动性、自制力强的孩子和那些主动性、自制力最差的人相比，高考的分数差距最大可达二百一十分。

　　对这两个群体的长期调查，得出他们在高考成绩、社会地位、家庭地位这三个方面都显示出了很大的差别。我特别认同教授所做的这个调查结果，一个人没有主动性，做什么都不行。比如做义工、做组长、做班长等，他要是不主动，那他干两天可能就不想干了。主动性强的人做事会很认真、细致，不需要别人督促，他能够把事做得比想象的都要好，他自己会去想办法，下很大的功夫。

主动性

　　我有一个习惯，一开始就要把某个人的主动性培养出来，扶上马，再送一程。让他很主动地去做事，有愿力，有责任感，有兴趣。因此，前期我会花大量的时间去培养他的主动性，他变得主动以后还要让他有方法。如果他只有主动性，没有智慧，没有经验，那我再送一程，再帮他建设一段时间。我们有些班长、组长，已经非常有主动性，又有智慧，有经验，我便不用管了。一个人一旦愿意做事、有主动性后，拽都拽不住，不让他做都不行。没有主动性的人，不管你怎么推、怎么拽，他就是不动，在那里消极怠工。

　　如果你想让孩子热爱学习，你就要早早地帮他将这方面的主动性培养出来。孩子为什么不愿意学习？就是因为没有主动性，他觉得他是给父母学的，给老师学的，他没有这份责任感。他觉得作业是给爸妈写的，干活是帮爸妈干的。

　　孩子的观念如果不转过来，他做事情永远是被动的，总觉得是给别人做的。主动性就像车的油门，油箱里有油，踩油门，车自然会走。一个人如果没有主动性，就相当于油箱里没有油，或者不踩油门，车自然不会走。那你就得推，推一点走一点，有时候还往回倒，既累人又危险。一旦车往前开了，就不用再推了。培养人就是这样，前期培养他的主动性，一旦培养成了，你就不用推着他走了。

　　爱因斯坦说："兴趣是最好的老师。"我们一定帮孩子培养热爱学习、热爱读书、热爱圣贤教育的习惯。要是没有帮他们把这些好习惯培养出来，孩子就会咬牙切齿地读书，恨得要命。成功人士都有强大的兴趣。日本教育家木村久一说："天才就是强烈的兴趣和顽强的入迷。"我特别喜欢读书和写作，这两个习惯促使我快速地学知识，大量地写文章。

# 十三、自制力

自制力就像刹车，看到危险时，就要刹车。主动性是有所为，自制力是有所不为，这两个习惯要是帮孩子培养好了，那他们将受用终生。

家长想让孩子干什么，自己就得干什么，想纠正孩子，就得自己先有自制力。想看手机的时候，就要忍住不看手机，该工作的时候工作，剩下的时间学习、看书。孩子一看父母在看书，那他们也会看书。只有这样，我们才能帮孩子把好习惯培养出来。

自制力是有所不为，也就是克制自己的能力。如果没有克制力，任何一个习气都克服不了。克制不了自己，一生就放逸了。有的父母过度地满足孩子，给予他们及时的满足。孩子要什么，马上给什么，变成了"孩子呼，应勿缓"，本末倒置。只要孩子想要某样东西，就得马上满足他们，东西还在锅里呢，孩子想吃，就得满足他们，不然，他们就会摔碗。这样的孩子没有忍耐力、克制力，不可能养成好的习惯和德行。

要养成好习惯，就得克服某些习气。坐有坐样，有的孩子总是坐不住，等时间没耐心，要什么都得快点儿。作为家长，

自制力

要让孩子从小就学会克制自己，比如说吃饭，到了时间点再吃，大家都上桌的时候再吃，长辈先吃……他们就是要有这种克制力。有的孩子总是自己先上桌吃饭，谁也不管，没有长幼有序，自私自利，只顾自己。

颜渊问仁。子曰："克己复礼为仁。'"（《论语·颜渊》）克制自己，这样有礼的人，就是为仁。因此，一个人没有克制力，就不可能有仁这种德行。

一个有德行的人有所为，孝顺父母、关爱他人，这是有所为；还要有所不为，不合适的事情不做，这是有所不为。

家长要懂得"延迟满足"，不要"孩子呼，应勿缓"。比如说，孩子想买一双几百块钱的鞋，如果不合理就不要买，合理的可以告诉他，哪天有时间一块儿去买。而不是立刻、马上就满足他们！我们有的人对父母、老人做不到立刻、马上，对孩子却能做到立刻、马上。不给他们买，他们就满地撒泼打滚儿，摔这个，摔那个。这样，他们不可能养成有自制力这个习惯。因此，这样的人将来如何干大事业？成家以后，夫妻间一旦产生摩擦，没有忍耐力和自制力，为一点儿小事儿，一不高兴就离婚。这都是没有自制力的结果。

家教好的、训练有素的人，都是有自制力的，都是有耐心有礼地去做事情，而不是坐没坐相，站没站相，口无遮拦，想说什么就说什么。

印度大文豪泰戈尔说："顶不住眼前的诱惑，便失掉了未来的幸福。"如果我们克制不了自己，最终会失去更重要的东西。

# 十四、反省

修学是一个不断觉醒的过程，不是向外去寻找答案，而是向我们自己内心寻找答案。这个觉醒叫"内省"。"内省"通俗易懂的说法是"反省"。这是一个极其重要的品质。一个人如果没有反省的能力，那这个人就不可能进步，甚至会走得一败涂地，永远失败下去。"反省"实在是太重要了，它是我们向上、向善和进步的主要动力之一。

孟子说过一句话："行有不得，反求诸己。"（《孟子·离娄上》）意思是说，当行动没有达到预期的效果，那我们就得反省自己的原因。《道德经》中说："知人者智，自知者明"，这个"明"就是"大智慧"的意思，明了一切，只有圣贤才能够完全了解自己。我们因无明，故常常迷失自己，看不见自己的问题。一个人了解自己是最难的，我们对科学、对自己热衷的领域，非常了解、熟悉，但就是不了解自己。这是我们的一大盲点。圣贤不一样，他们既了解这个世界，也了解自己。

心，是一切的答案。如果向心外寻求答案，就是自甘坠入苦海，就是不了解自己，就是没有反思的能力。看一个人能不能有发展、能不能进步，主要看他有没有反省的能力。我做了多年的心理咨询工作，经过一两堂课的沟通，就能知道一个人到底有没有救。为什么这么说呢？因为一个人如果一点反思的能力也没有，那无论我如何引导他向自己这方面思考，他都不会照着我说的做，而是全是向外求。一个人如果有知见的问题，通过引导，还是能够调整过来的。但是，一个人如果完全没有反省能力，那么不管你怎么引导他，他都无法调整过来。

有些人非常固执，这种人就是没有反省能力的人。在做心理治疗的时候，我们通常有一个基本指标的判断：一个人如果没有反省能力，那他就难以调整。反过来说，只要一个人有反省能力，哪怕这个人做的事情很离谱，也会好办得多。

孔子说："见贤思齐焉，见不贤而内自省也。"（《论语·里仁》）孔子天天反省自己，见贤思齐，见人贤善赶紧学习他们；见到不善，马上反省自己。现在有的人一出事就是"你不对，你对不起我"。真是天壤之别！

"见人恶，即内省，有则改，无加警。"（《弟子规·圣人训》）一个人如果没有反省能力，就会讨人嫌、遭人厌。这样的人总是找别人的毛病，不找自己的问题。这样的人也没法改进自己，因为方向错了，他的方向不是内省。自己才是唯一的答案。"我错了，是我自己的问题。"这才是唯一正确的答案。曾子说："吾日三省吾身。"（《论语·学而篇》）意思是说，我一天多次地反省自己。这就是圣贤的境界。曾子这样的圣人，每天都要大量地反省自己，我们却不愿意反省。荀子说："君子博学而日三省乎己，则知明而行无过矣。"（《荀子·劝学》）意思是说，君子要广泛地学习，经常用学到的教诲检查自己的言行。还要经

反省

常一日三省。这样的话，遇到事情就可以不糊涂。"知明"就没有什么过失。

圣贤的学问，都是怎么想办法对治自己，而不是对治别人。我们如果没有帮孩子养成反省的习惯，那他容易成为一个自私的人。父母说一句，他顶父母九句。"一言九顶"。为什么孩子会顶父母？因为他不反思，不去想是不是自己的问题。

真正的好孩子、好学生，不会一出现问题，就埋怨说是别人的错。而有的孩子一出问题就找父母，然后把这种习惯带到人际交往中。最后，他变成了一个自私顽固、不懂得省查自己的人。

夫妻俩如果一出问题就相互攻击、争吵，孩子生活在这样的环境中，就会有样学样，出问题时，就会觉得这都是别人的事。这样一来，孩子绝对养不成反省自我的能力，因为他没有经过反省自我的教育和训练。他只会运用外求的模式去思考。

有的家长特别喜欢说别人的坏话，那他们的孩子也会形成一个外求的模式，也喜欢说别人的过失，除非这个孩子非常有判断力，会觉醒和改过。否则，他如果养成说人过失的习惯，以后他跟同学相处时，出现问题就认为是别人的问题，都是别人对我不好。一旦成家，夫妻也是这么相处，因为他没得到过反求诸己的训练。

家长一定要反求诸己。家长如果要想让孩子养成反省的好习惯，家长就得天天反省自己。遇见问题时，父母要马上承认，夫妻两个不要相互推诿。一旦出现问题，每个人都应该检视自己的问题。"对不起，是我没做好。"对方也说："我也有责任。"

孩子一看，爸妈遇到问题，全都检讨自己，不埋怨对方，真好。这个时候，家长最好给孩子讲一讲自己错在哪里。你检讨自己的同时也在教育孩子。"你看爸爸这个问题，为什么没做好？因为爸爸考虑得欠妥。"孩子一看，原来是这么回事，经过几次这种训练，他就很容易形成反省的模式。当他做事遇到问题时，他觉得爸爸妈妈都是很有尊严的人，都勇于反省，那我也得自省。

现在，很多家长遇见问题，自己不反省，而是以高压的姿态指责孩子："全是你错了！你闭嘴！"在家长的强权之下，孩子没有话语权，他内心根本不服家长。

在孩子成长的过程中，当他遇到问题时，父母要帮他检讨自己。比如说，他做错了，父母要帮他看一看为什么做错？是因为他马虎？做完没有检查？还是因为他判断出错？是上课没有注意听讲？是不是没有预习？是不是没有复习？家长要跟孩子一起找问题。

最后，家长和孩子一定可以找出原因。或者是因为老师讲课的时候，孩子没听懂。或者是因为老师讲的时候，孩子没认真听，又不复习。家长帮孩子找原因时，一定要实事求是。比如说，孩子如果说："老师这堂课没讲好。"家长千万不能说："对，老师没有好好讲课。"家长千万不要说这种负能量的话。都是同一个老师教的，有的同学可以考满分，那你的孩子为什么做不到呢？一定要在自己身上找原因。

孩子一旦有了反省自己、改过自查的能力，一生就很容易进步。反之，有的人十年前和十年后都差不多，这个人就是没怎么改过、觉醒，甚至比原来还差。而有的人，十年后大变样。为什么？因为他不断反省自己，越反省，成长越快。因此，我们要帮孩子养成哪怕是一个小事情，都要检视、反省自己的习惯。我母亲常说："好汉怪自己，赖汉怨别人。"我们要早一点帮孩子把这个习惯养成。有反省能力，是解决人生一切问题的"钥匙"。

处处反省，才能觉醒。一个人与别人相处，如果没有反省能力，就会处处碰壁，而且不管碰多少次壁，他可能都不会反省。有的人"吃一百个豆也不嫌腥"（《中华谚语》）。但对有反省能力的人来讲，是"吃一堑，长一智"（明·王守仁《王文成公全书·与薛尚谦书》）。对某些人来说，失败就是失败，而不是成功之母，因为他没有反省能力，一败再败。

孔子最喜欢的学生颜回，能够"不迁怒，不贰过"（《论语·雍也》），也就是说，同样的过错，他不会犯第二次。有的人犯一次错误，终身再也不犯，真是了不起，但我们大多数人做不到。有的人自己没犯错，看到别人犯错，他也能长一智。看别人的过错，那我就要尽量避免犯同样的错。

曾国藩是一个善于反省的典范。他写了三十多年的日记。他写日记就是为了反省自己：我哪些地方做错了，赶紧反省，天天反省。他一生也犯过很多错，但他后来都戒了。他从政为官的时候也犯过错。他曾经有过举荐失误。从前，当官有举荐制。官员的一项工作就是举荐贤才。如果在自己管辖的地方，有贤才没被举荐，后来被朝廷发现了，那就是官员的一大过失。举荐是考察政绩很重要的一个指标。举荐一个贤才，举荐的人是有功的，朝廷要赏赐他。但是，被举荐的人如果有问题，那就要惩罚举荐者，负连带责任。

曾国藩一生举荐过很多人。有一次，他举荐了一个叫周腾虎的人，这个人非常有才，文章写得非常好，在当地非常有名气。因为曾国藩也很有才，所以他就爱才，但由于爱才心切，他对这个人的人品不了解，也没有多方考察，便向朝廷举荐了周腾虎。曾国藩是重臣，朝廷很重视他举荐的人，直接任用了他，官也不小。这个任命出来后，知道这个人人品不好的那些大臣联名上书，弹劾周腾虎，还上书弹劾曾国藩，说他举荐的人有问题，说他有私心。

联名的动静很大，皇帝一看，这么多人联名上书，便下令调查。果不其然，周腾虎人品很差。于是，朝廷下诏书，直接免了周腾虎的职。恃才傲物的周腾虎受不了这个打击，不久便抑郁而终。因此，曾国藩特别后悔两件事："第一件，我抬举他竟如同杀人，我抬举他让他当大官，他却没当成，最后因为这件事死了，这等于杀人。第二件，我在识人方面有问题，没有考察他的德行，只考虑了他的才华。这次举荐失败，教训太大了。"他奋笔写下了两句家训："才高德薄之人不可用，用则终成大患。"

有了这次教训后，曾国藩再遇见这一类事情，就特别小心。后来，有人向他举荐了一个人，说那人要献一条妙计，曾国藩说："用其计，而不用其人。"

曾国藩为什么广受后人推崇？为什么他能改掉坏习惯？因为他饱读圣贤书。一个人不读圣贤书，就会放纵自己的习气和欲望。

曾国藩留下的家书，我们可以读读，看看人家是怎么教育子弟的。我们要让孩子从小就养成反省自己的习惯，这样就不至于犯大错误，很多人的失败就是源自没有反省。

据说，曾国藩临死的前一天还在写日记，他的反省能力多强！我们要向曾国藩学习、向圣贤学习，每日三省吾身，时时反省自己，用圣贤的教诲对照自己的起心动念。这样，我们就不会犯大错误。

我们要懂得好习惯不会一朝形成。如何养成？学习中华优秀传统文化，学圣贤的教诲。我们要大量地诵读、学习、力行中华优秀传统文化，把它们学好，力行好，那些好习惯，就会慢慢养成。

# 十五、认真

大家可以做一个试验：两手十指交叉握在一起，你会很自然地将某一个拇指放在上面，如果不这样交叉，就会感觉很别扭。这就是习惯。

我们的举手投足、我们的想法、我们的行为举止全是从小养成的习惯，这些习惯组成了我们的人生。习惯成自然后，就形成了性格。有的人急性子，有的人慢性子，有的人拖拖拉拉，有的人雷厉风行。这些都是习惯。

做大事的人都是不慌不忙，胜似闲庭漫步。像诸葛亮一样，"运筹帷幄之中，决胜千里之外"（西汉·司马迁《史记·高祖本纪》），诸葛亮为什么能经常取胜呢？因为他做事情有条理、有计划。

一个人如果有很多好习惯，饮食有节，作息有规律，心态好，性格阳光，那他就容易长寿，各方面就会比较顺。心态好，就会活得比较幸福，诸多的好习惯累积成美好的人生。

有一个习惯也非常重要，那就是"认真"。认真，既是一个负责任的态度，又是我们做事很重要的一个习惯。我们交朋友，或者选择合作伙伴，或者招聘员工，都愿意选择做事认真的人。做事情不认真的人，容易把事情砸在手里。他要不就是忘了，要不就是做不好，要不就是做事"虎头蛇尾"，总是令人担忧、不放心。

我们提倡的认真与那种较真和执着是不一样的。比如说，胸怀很小，斤斤计较，一点小事就跟人家较真，这个是不对的。我们倡导的是认真，而不是固执。不认真，自己成就不了大事，别人也不敢把事情交给我们，怕我们搞砸了。比如说，义工们做事情，同样是做事，有的只能完成一半，或者一少半，有的却能完成任务的百分百。认真的态度决定了他能把事情做好，甚至能够高标准地完成任务。这种人我们就愿意委以重任，因为他能够把事情善始善终做好。

孔子一生治学严谨，做事认真，老年时特别喜欢《易经》。《易经》是群经之首。儒家和道家的很多思想都是从《易经》里来的。《易经》里有大智慧，孔子花费了二十多年的时间，给《易经》做注解。《易经》被整个社会认同和关注就是因为孔子。孔子那个时代没有纸，字都是刻在竹子上的。一大车竹简，可不像现在的书那么方便。研究《易经》时，孔子把竹简打开，看完后捆起来，重复地研究和琢磨，反复地打开和捆绑。捆竹简的绳子是用熟牛皮做的，很结实。孔子研究的时间非常长，反复地打开和捆绑，熟牛皮竟断了多次。"韦编三绝"这个成语就是这么来的。可见孔子的治学有多么认真。

圣贤为什么有学问？因为他们"好古，敏以求之。"（《论语·述而》）孔子之所以有学问，可不是简单地练一练就成了的，而是他乐此不疲求学的结果。取得大成功的人都是认真的人。

不过，对待别人的过失时，我们不要那么认真，我要严以律己，宽以待人，对待自己一定要认真，为人认真，做事认真。

书圣王羲之有一个故事。有一天，他认真写字的时候，忘记了吃饭，他家人把他喜欢的馒头和蒜泥汁拿了过来。王羲之拿起馒头，因为思想实在太集中了，便蘸着墨汁吃了起来。他家人忙问："怎么吃上墨汁了？"他一看才知道，自己本来应该蘸蒜汁吃，却蘸了墨汁，而且居然没吃出来。他为什么最终成为书圣？就是因为他有这个认真劲儿。

牛顿跟王羲之有点相似。有一次，他饿了，便煮鸡蛋吃。由于脑子里总想着三大定律，竟把手表当成鸡蛋扔锅里煮了起来。

法国大文豪巴尔扎克是一位多产的作家，一生写了九十多部小说，其中很多是长篇小说。有一次，巴尔扎克正忙于一部长篇小说的写作，他无论吃饭睡觉，都沉浸在紧张的脑力劳动之中，达到忘我的境地。一天清晨，他出外散步，临走时，用粉笔在门上写了"巴尔扎克先生不在家，请来访者下午来"。他一边散步，一边思考着小说的情节和人物安排；突然感到肚子饿了，需要吃点东西，便转身往家门口走去。走到家门口，正要推开门，看到门上的粉笔字，很遗憾地叹了口气，说："唉！原来巴尔扎克先生不在家。"说完，转身走了。

相声大师侯宝林先生是一位天才。他只读到小学三年级，但经常去大学给大学生讲语言艺术。他是如何成为一位语言大师的呢？就是因为他认真。据侯宝林回忆，他听说明代有一个笑话集，就收藏在北京图书馆里。于是去北京图书馆借，但人家不外借。候宝林于是拿上本子和笔，到那儿抄，抄回来后好好研究。那时候正好是冬天，候先生顶风冒雪，每天都去图书馆抄，抄了十八天，抄了十多万字，把这本笑话书全都抄了下来。回家后，仔细研究，然后编辑加工。编辑加工完毕后，再跟他的搭档编排成笑话。

候宝林先生是语言大师，他不需要做很多动作，不需要又蹦又跳，他用语言就可以把大家逗得很开心。语言大师怎么来的，不是说他天生就是语言大师，说话就那么搞笑，那是很认真很勤奋学习的结果。

很多孩子学习不认真，不想学，没兴趣；做事情也不认真。现在，有多少孩子能把自己的屋子收拾得干干净净？先别说学习，就看他的屋子就可以了，干净利索的就很少见。"一屋不打扫，何以扫天下。"自己的屋子都弄成那样，做事情也不可能有多认真。人的习惯都是靠养成的，收拾屋子的习惯，绝对不需要花太多的时间。我长期带队出去讲学，我们要求男生，从打铃起床到出门，包括穿衣、洗漱、收拾东西，十五分钟内必须完成，所有东西快速收拾好并有规距地放置好，"列物品，有定位"。为什么这么训练他们？因为世事无常，万一发生地震或火灾，就需要快速转移、逃离。这种训练对他们是有帮助的。

这种训练教会我们做事认真。对孩子也是一样，他的屋子一定要让他自己收拾，自己的被褥自己叠，物品用完了一定要"物归原处"。

我们要向古人学习，让孩子从两三岁开始便认真地做洒扫进退、力所能及的事，每件事情都恭恭敬敬、认认真真地做。

认真

长大后，老师喜欢，同学喜欢，朋友喜欢，同事喜欢。

小事看大，一个人小事稀里糊涂，大事也会稀里糊涂。考试、学习也是一样，阅题不认真，一目十行，阅题阅错了，答题肯定答错。学习这样，将来做事也会这样，做事情稀里糊涂，一生无所成就。

认真体现的是态度，对自己、对别人是否负责任的态度。态度不对，事情就做不对。这一点从小就要让孩子从小事上练，一点一滴地练，长大后他做什么事都会认真。跟人交往、做任何事情，他都很认真。他做事认真，就会被别人认同，别人就愿意跟他交往，有好事也愿意想着他。

# 十六、庄重

以"儒、释、道"为主体的中华优秀传统文化非常讲究威仪。一个具有威仪的人往往比较庄重。

穿着必须要有威仪。但是，有的人很不注重这一点。有的男人夏天时光膀子、穿拖鞋，有的女孩子穿短裤，还越来越短。这种着装，若是在家里，只有夫妻两人，还过得去，如果有老人，有孩子，就很不合适，有失体统。因为孩子小，妈妈穿得很暴露，孩子会看得非常明白。家里如果有老人，两代人，尤其是异性的两代人，看着不舒服。这种所谓"个性"普遍流行，就是没有了威仪。

现在，天气确实越来越热，温室效应越来越厉害，我们着装凉快一点，没问题，但我们没必要露大腿，袒胸露背地在大街上走来走去。

"冠必正，纽必结。袜与履，俱紧切。"（《弟子规》）古代的衣服，有帽子，有衣服襟袖，比现在的衣服麻烦得多，但男人穿出来的感觉，就是一种君子风范。

我们现在穿衣服很随意，再加上个人的动作又很随意，完全没有了君子作风，自己穿着舒服就好，不在意形象。着装上越来越随意，说话也越来越随意。现在，有的人说话要是庄重一点，别人就觉得他是个"老古板"；穿得严谨一点，别人就认为他落后了，这种"亚文化"是一种集体无意识，盲目地从众。

现在，很多人觉得越有个性越好，越独特越好。实际上，一个人真正的独特是因为他有德行、有智慧。个性可以有，但没必要非得体现在着装上。

古人行走都是讲礼仪的，"站如松，坐如钟，卧如弓，走如风。"现在人站得歪歪扭扭的多，站得直的人少。家长一定要注意，如果我们在家非常随意，孩子就会随意，如果到处躺，到处歪，到处倚，那孩子也会有样学样。

我在一个饭店见过一个场景，印象非常深刻。三位女士领着一个孩子吃饭，围坐一张大桌子，点完菜后，这三位女士脱掉鞋，把脚放到椅子上，孩子则拿着手机玩游戏，后来他脱掉鞋，也把脚放到椅子上，很长时间脚都没放下去。想想看，在公共场合把脚放到椅子上，那是什么样的一个形象？

"勿践阈，勿跛倚。勿箕踞，勿摇髀。"进门槛的时候，别踩人家的门槛，别到处倚；坐着的时候，两条腿不要叉开；不管男士女士，腿不要晃来抖去。这些小细节我们作为父母，要高度注意。

在家庭环境中，我们可以放松，但别放松到父亲随意地光膀子，最起码也得穿一个短袖；母亲的穿着也一定要注意。有的女士跟公公婆婆同住，穿得很暴露，这很不好。跟孩子住一起也一样，别觉得说我在家不需要穿得那么严谨，在家仍然要穿得规矩。

庄重

语言、行为、着装等，它是我们德行的外在显现。一个正人君子外在的威仪，让人家一看到，就觉得有堂堂正正的君子作风。着装符合自己的职业，符合自己的身份，符合场合的礼仪，无论走到哪里，都有威仪。

孔子说："君子不重则不威。"（《论语·学而》）一个君子，自己不庄重，就没有威仪。看一个人有没有家教，就看他行住坐卧，有没有基本的威仪。

庄重是自重的体现。我们跟女士握手的时候，应该由女士先伸手，男士不可以先伸手去握人家的手。庄重的前提就是自重，一个不自重的人，别人也不会尊重他。

作为父母，处处都要自重。无论是言语，还是行为，家长都要自重。自重就是自爱，同时也是爱别人。人如果着装很庄重的话，也是尊重别人的体现。

谈判时，我们穿得很庄重，对方却穿着短裤和拖鞋，我们会感觉对方不尊敬我们，一看到这种人，我们就不想跟他们谈。他们不只是不自重，也是不尊重别人。我们参加重要聚会的时候，一定是穿着庄重，是对邀请我们主人的尊敬。如果穿短裤、拖鞋，那就是对主人的不尊敬。所以，贵族风范，指的不是有钱，而是处处得体，有君子之风。

"移风易俗，莫善于乐。"（《孝经》）孔子生活的那个时代，连音乐都很讲究，要符合性德，符合人本性的流露。这种音乐会引发人积极向上、向善。虽然我们知道，本性是自然流露，外在的往往有虚假。所以，我们要从点点滴滴做起，让孩子站有站相，坐有坐相，说话办事情严谨庄重。出去以后，给大家的感觉是，这个人有家教，有素质，有涵养，值得信赖。

庄重的这个习惯，它本是礼仪。我们不要把随意当成个性。"敬人者，人恒敬之"。（《孟子·离娄章句下》）作为父母，我们要清醒地知道我们应该作何选择，因为我们好比是"原件"，孩子好比是"复印件"。我们养成好习惯，孩子也会养成好习惯，走到哪里都受人欢迎。自重的人受人尊敬，自重等于尊重别人。

# 十七、及时回应

"父母呼，应勿缓。"（《弟子规》）能做到这一点的人不多；能做到"领导呼，应勿缓；同事呼，应勿缓；老师呼，应勿缓"的人也不多；尤其对与自身金钱利益没有关系的人，大部分做不到"应勿缓"，除非这个人与自身的利益息息相关，那时确实能"应勿缓"。

我们对父母忽略得最多，因为我们认为父母会原谅我们。对领导就不敢这样，因为存在利益关系，所以不敢怠慢他们。对父母，我们就无所谓了，觉得晚点回应也行，反正父母不会怨我们。因此，能做到"父母呼，应勿缓"的人太少了。"父母呼，应勿缓"做到了，为人处世的效果就会很好。为什么？因为这是我们对别人的尊敬。

比如说，微信交流，有时对方说一句话，你半天不理人。那么对方是什么感觉？我们没有几个人有那么好的修为，别人不回应，还感恩人家，还能想出十个理由来理解人家。

我很多时候讲学，不带手机，或者关机，或者静音，一讲就是好几个小时，好久不看手机。手机上经常有人问各种问题，而我不在线，没能及时回复。比如说，他八九点的时候问，我中午才能看到手机，我想回复时，却发现对方把我的微信好友删了。我赶紧再加他，加他时留言说："对不起，上午在讲课。"有的人会直接加回来，有的人已经把我的微信名片拉黑了，加不成了。由此可见，一定要养成及时回应的好习惯，特别是对父母、师长和领导。中国人讲究长幼有序，长辈对我们发出信息，我们要及时回应。及时回应有时候能救人，比如某个人想自杀，但他想找几个好朋友再说两句，如果他给这个朋友发信息，没回应，给那个朋友发信息，也没有回应，后来他就有可能真自杀了。如果他的朋友能及时回应，进行"心理干预"，和他说说话，他就可能会产生新的选择；如果他的朋友没有回应，他就觉得"原来世界上人都这么冷漠"，他很有可能会自杀。

有人跟我们说话，打招呼，问问题，或者交流时，我们都要回复，哪怕是很少的一句话也要回复，如果回复晚了，要向别人说明情况，严重的要道歉，说："对不起，我上午在讲课。"或者说，"我在飞机上，关机。"或者说，"我刚才在休息。"要跟人家说清楚，再道歉，这样别人就会理解。

及时回应是对别人的尊重，尊重别人就是爱别人、重视别人。有的人你跟他说话，他不理，但他在群里一直说话，发朋友圈，但对你的话就是不理，那这样就很失礼。

心理学研究，婴儿发出"我饿了，冷了，尿了，想妈妈抱"的信号时，妈妈的回应超过七秒，孩子就会产生挫败感。如果他一直喊、一直叫，妈妈就是不理他，多次的挫败感会让孩子产生自卑感，认为"我是不重要的，我是被忽略的，我是不好的。"一个妈妈如果不及时回应孩子，时间长了，孩子的心里就会产生一些创伤。

及时回应，不代表立刻满足，孩子的呼唤是一种求救、一种需要、一种信号，母亲一回应，孩子会感到被爱，妈妈是爱我的，我一有需要，妈妈立刻就到，如果一个孩子在小的时候经常得到良好的、快速的回应，这种孩子就会形成比较健康、饱满、自信的人格。

很多人的自卑心理或者心理创伤，往往都是因为小时候受到太多的否定，太多的不及时回应，或者是不健康的回应。所以我们一定要及时回应孩子，哪怕当下在打电话，可能不方便，也要点点头，看一下孩子，告诉孩子等会儿回应他。一定要有这样的动作，这样，孩子就会感到满足。

能不能及时回应，反映的是我们的态度。即使事情做糟了，也没关系，因为你的态度好，这样的话，大家交流得就很顺畅，可以达成谅解。"没关系，咱们好好总结，重新来。"回应是一种态度，是对别人的尊敬。

我做过这方面的研究，商业上比较成功的人回应客户、伙伴、老板、员工等人的速度比较快。我做过营销，当时公司的年销售额是三百多万，好多年始终是这么一个销售额。我接手后，便去开拓陌生市场。我有一个习惯，就是及时回应。客户的问题，我差不多都是"秒回"。做了一年多，年销售额做到了一千多万，并且是在陌生市场，这些客户跟我关系保持得非常好。有好几个客户从很远的地方来看我。我开玩笑地说："你来公司，是需要好政策吗？"他们说："不是。政策已经够好了，不需要谈了，我们需要来认识你。"我说："为什么要认识？""虽

及时回应

然我们没见过面，但觉得这一两年来跟你的交流特别愉快，我们是想来认识你，想和你交朋友。"

我接待了很多客户，跟他们交流了很多，他们最关心的就是回应问题。他们遇见任何问题，甚至他们的个人问题，我都能帮他们解决，快速地解决，快速反应。很多时候，等待是很让人焦急的，我们等人的时候都有过这种体验。大家要切记，一定要及时回应。

我们既然尊重别人、爱别人，就要及时回应。"因为你在，所以我来。"

养成好的品质，很容易在社会上赢得好人缘。我们要平等地对待别人，对一切人都有恭敬心、真诚心，它反映的是我们的内在世界。不回复人家，或者半天才回复一个"哦"字，都是不对的，因为人家根本不知道这个"哦"字到底是什么意思。因此，我们的回应要是良性的，要积极地回应，别弄个懒洋洋的"哦"字，让对方摸不着头脑。

这些都是礼节。一个失败的人，在礼节上一定是失败的。一个人越成功，越在意礼节。

孔子为什么那么注重礼？因为礼是德行的外在体现。孔子有礼、有德行，我们才尊敬他。我们从孝亲尊师，延伸到对一切人有礼。我们都喜欢别人对我们快速反应，一个好的团队，好的企业全是快速反应，没有说一句话半天没动静的。

及时回应是我们内在的一个态度，我们做到了，就会处处受人尊敬，处处招人喜欢。

好习惯都是通过好的关系去实践的，而不是给孩子下命令：

"你必须养成这个习惯。"比如说庄重，我们要自重、尊重孩子，而不是命令孩子："你必须这样穿。"我们要做出庄重的榜样；回应，更是如此，如果我们总是怠慢孩子，怎么指望孩子能及时回应我们呢？任何良好的习惯，全是良好关系互动的结果，而良好关系的前提，又是我们自律的结果。齐家先得修身，首先得自我教育，有了自我教育，才会有这样的认识。在与孩子交流的过程中，我们才能够很好地把握爱和智慧的平衡。因此，教育最根本还是自我教育。自我教育没做好，我们就无法跟孩子互动好，跟孩子互动不好，就无法帮孩子养成好习惯。

凡是高压下的要求，都会让孩子产生逼迫感、屈服感。孩子觉得我现在没办法，那就暂时听你们的。他无法形成自觉行为，长大以后便不会再听家长的。因此，要想在早期取得好的教育结果，前提是家长先要跟孩子保持良好的关系。好的关系才能成就好的教育。

# 十八、保守秘密

第二次世界大战爆发后，纳粹德国横扫欧洲，铁蹄践踏世界，盟军非常被动。一九四三年年末，盟军召开了一次著名的会议，在会议上决定进行战略调整，由防御转为主动出击。盟军计划从英国出发，渡过英吉利海峡在法国登陆，登陆后与德军的主力部队进行战斗，以争取更大的防御区域。盟军给这次行动取名"诺曼底登陆"。

为了这次行动，在物资、军舰、飞机、枪支弹药，以及兵力补充等方面，盟军准备了半年多。为了这次行动的顺利实施，盟军制定了最高规格的保密措施。这么庞大的战争准备，不能让德军知道。在这半年多的时间里，将近三百万人的盟军调动部队，准备物资，行动做得非常好。盟军在诺曼底登陆时，德军竟然浑然不觉。

纳粹德军有着众多特务，但盟军半年多的行动部署，他们居然丝毫没有发觉，这真是一个巨大的奇迹。

盟军在诺曼底登陆后，双方的军事力量对比发生了根本性的转变。从此，盟军从战略防御转变为战略进攻，德军从此屡战屡败，最后在苏联红军和盟军的夹击下，战败投降。诺曼底登陆在二战的历史上具有极其重要的战略意义，被誉为战争史上最成功、最大规模的登陆作战。

这次行动的保密工作做得滴水不漏，单是军人就有好几百万，更别说还有很多民众了。这在历史上的大型军事行动中，绝对是神来之笔。

保密工作做得这么好，主要有以下几点。

第一个叫"堵嘴"。所有的记者，无论是对方的记者，还是自己的记者，以及所有往外发的电报，任何发电报的机器，全部由盟军监督和检查。

第二个叫"堵腿"。来来往往的人都要严密地检查。面对这么多人，能够把保密工作做得这么好，实在是了不起。保密工作做得出色是这场行动取得胜利的重要因素。一旦泄密，强大的德军就会在诺曼底沿岸做好军事布置，登陆注定要失败。

生活中能够保守秘密的人，就是能够做到"嘴严"。三缄其口，守口如瓶。能把秘密烂在肚子里的人很少，一百个人中有三五个就不错了。我们普通人特别愿意说别人的秘密。

有的人好奇心重，秘密在他们那儿藏不住，不说出来就感到难受。比如说，你读某条很有趣的新闻，你就特别愿意讲给别人听。说别人的秘密，是一个非常不好的行为，除非这个秘密可以帮助别人。但是，我们通常不会顾及秘密一旦说出来，会给别人造成怎样的尴尬和伤害，而只顾自己痛快。

保守秘密是一个非常好的品行。德行特别好的人都不愿意说别人的事情，守得住口。保守秘密可以保护某个人，保护团队，保护国家，于国于民于己都很重要。

我们要让孩子从小养成守口如瓶、不轻易揭别人秘密的习惯。比如说，某个小朋友告诉了另一个小朋友一个秘密。那个小朋友回家说："妈妈，今天有个同学跟我说了他的秘密。"某一天，小朋友的妈妈见到别的家长，把秘密说出去了，结果一传十，十传百，传播速度相当快，这就把说出自己秘密的那个小朋友伤害到了。

孩子信任大人，才给我们讲他的秘密，所以我们就不要给别人说。在生活中，我曾调查过，有人跟你说："这件事不要跟别人说，只有天知地知，你知我知。"这种"秘密"百分之九十五以上都会被说出去。

有句话叫："祸从口出。"我们保守秘密，是要为了利他。不管是什么秘密，都要给人家保守好。人家信任我们，跟我们说了秘密，我们要对得起这份信任，坚决做到到我们这里为止。否则，就是对朋友的背叛。

我做过心理咨询，心理咨询这一行最重要的职业操守就是保守秘密。保守来访者、咨询者的秘密。无论这个人的故事多么新鲜、离奇，或者不堪，我们都不能说出去，一辈子都不可以说出去。人家那么相信我们，把心里的话、心灵的创伤，全部向我们倾诉，我们不能拿人家的这些秘密到处讲，这是基本的职业操守。

有一句阿拉伯名言："保守秘密，秘密就是忠仆；泄露秘密，秘密就是祸主。"泼出去的水，收不回来，因此，我们一定要三思而后行，谨言慎行。

我们自己做到了，也要把孩子培养成愿意保守秘密的人。

保守秘密

我们不要听那么多的秘密。我们要做到不听是非，不传是非。话多的人，内心是不清净的。内心焦虑烦恼，他才会话多。一个人心静如水，就能安住，还能独处，学习。一个人喋喋不休，他的内心就不清净、躁动不安、烦恼不止。

我们要修清净心，除非你说出来的话有价值，否则就学会止语。当然了，在生活中，难免有人想跟我们说某件事情，这时候，要记得替人保密。即使人家没有交代不要告诉别人，也要替人家保守秘密，而不是一个泄密者，因为秘密一旦说出去，就可能会对别人造成伤害。

如何帮孩子养成保守秘密的好习惯？我们要在家庭生活中不揭别人的短。比如说，夫妻之间的秘密，就不要轻易跟孩子讲。有的夫妻相互揭短，孩子一看，我爸把我妈的老底儿都给揭了，妈妈原来是这样的人啊。这样，对孩子就会产生负面影响。对待孩子的秘密也一样，孩子相信家长，才会跟家长说某件事。

"扬善于公庭，规过于私室。"（《曾国藩家训》）孩子遇到挺尴尬的事情时，他如果跟妈妈说了，那么妈妈就得保密到底。如果我们轻易地泄漏别人的秘密，孩子就会认为秘密根本无所谓，可以随便说。哪怕是一件小事的秘密我们都能够保守住，孩子就会觉得爸妈值得信赖。

有一些秘密，是我们暗中知道的，可能是无意间听到的，这种秘密也要保守。"善护口业"，是一大修行，守得住秘密，说明你有定力。

好的人际关系的秘诀，就是永不在背后说别人的坏话。当然了当面也不要说，除非是他有过失，你要单独私底下劝导他。

不说别人的坏话，不说别人的秘密，看似简单，实际上做起来很难，因为我们憋不住。有的人要是不让他把别人的秘密说出去，他会难受得睡不好觉、吃不下饭，逮着谁他都说，这种人往往就是缺乏修养。

大事我们比较容易保守秘密，因为这很重要。但点点滴滴的小事，我们反而比较容易忽略。

世间的幸福很重要，它需要关系的维护。一个人跟别人的关系都很顺，那他就会感受到幸福，幸福指数就高。如果跟别人的关系很紧张，那他就不会幸福。

好关系来自个人的好习惯。别人信赖你，跟你讲他的秘密，那是他认为你不会跟别人说。我们不要做不值得让别人信赖的人。英国作家塞·约翰逊曾经说："泄露别人秘密，有一个心理动机，那就是炫耀自己受别人信赖。"

大家要记住："己所不欲，勿施于人。"我们既然不希望别人把我们的秘密讲出去，那我们也不要去讲别人的秘密，要将心比心。对别人的秘密守口如瓶，别人就会信赖我们，无论我们走到哪里，无论是同事、领导，还是合作伙伴，愿意跟我们讲心里话。

我们在与人交往的过程中，要养成善于保守秘密这个好品行，也要让孩子早一点养成。比如说，孩子每天回来会说同学的一些事情，家长当然需要倾听，但如果涉及同学的秘密和隐私，家长就要教育孩子说："孩子，要记住，到此为止，出去不要跟别人说。因为一旦说出去，会让你的同学很难堪。人家信赖你。我们要对得起人家的信任。"家长要教育和引领孩子，把道理告诉他们。

养成保守秘密的习惯后，家长还要进一步告诉孩子："人家一旦跟你说了某些秘密，跟爸妈也不要说，自己处理好就行。"我们要让孩子知道，这样的事情也没必要跟爸妈说。如果告诉了爸妈，同样是对别人的不尊敬。

# 十九、守时

我们把圣贤教诲落实在生活中，让它变成条件反射，不需要别人督促，按照这样的习惯发展下去，我们必定会取得成功。

好习惯是好心念、好德行的外在体现。一个人如果有守信、简朴、勤劳、孝顺父母、关爱他人的好习惯，那这个人肯定有德行；如果一个人处处妄言、懒惰、好吃、游手好闲，那这个人肯定没德行。

家长是孩子人生中的第一任老师。想让孩子养成好习惯，我们首先要养成诸多好习惯。俗话说："孩子不用管，全靠父母的德行感召。"我母亲是一位伟大的母亲，身上有太多优秀的品质。她高度自律，生活上很会照顾、体贴别人。我从小效仿母亲，养成了很多好习惯。

教儿教女先教自己，想让孩子有德行、有智慧、懂孝道，父母首先要是有德行、有智慧、懂孝道的好父母，这是因果使然。因此，我们要先着重培养自己，然后有意识地带动孩子把好习惯养成。

今天讲的是守时的好习惯。守时就是遵守时间，遵守承诺。守时是一个人讲究信用、尊重他人的重要表现，也是我们人生信誉的良好保障。

生活中，我们时时处处都要守时，对外交流、与人交往、合作时皆应如此。对自己也要守时。比如说，我们原本计划早晨五点起床，可是到时五点我们却对自己说："算了吧，今天挺累的，晚一会儿再起吧。"这就是轻易地放过自己，时间久了，就会失去自律性。一个生活一团糟的人，很难尊重别人。"凡出言，信为先，诈与妄，奚可焉。"（《弟子规》）我们做任何事情都应该"信为先"。守时就是有"信"。看一个人可不可信，就看他如何对待日常生活中的小事。比如说，约定的聚会时间是晚上六点，有的人五点半就到了，有的人八点才到，晚到的人就是不守时。不守时成习惯的人往往自私自利，不孝父母，不敬师长，不在意别人的感受。

古人为什么强调"孝、悌、忠、信、礼、义、廉、耻"？因为人一旦没有了廉耻心，他不守时反而觉得理直气壮，还能找出很多理由为自己开脱。

为什么要讲守时的习惯？因为时间非常宝贵。时间就是生命，肆意践踏和浪费别人的时间，就是不尊重别人的生命。季布是汉初名臣，也是一位侠士。他有一个非常好的品质，就是信守承诺。当时就有这么一句话："得黄金百斤，不如得季布一诺。"后来这句话演变成了"一诺千金"这个成语。鲁迅小时候曾经在三味书屋读私塾，他的先生叫寿镜吾，很有学问，治学很严谨。有一年，鲁迅的父亲得了重病。鲁迅很懂事，懂得为家庭分担，跟母亲一起照顾父亲，经常拿家里值钱的东西去当铺典当换取钱，然后去给父亲买药。有一次，鲁迅上学迟

守时

到了，被老师批评了一顿："你以后一定要早来。"鲁迅当下就发下了"守时"的愿，在课桌上刻了一个字"早"。从此，鲁迅上学再也没迟到过。

"有志者，立长志。"我母亲这一生的立志是，坚决不破例。比如说，她说不吃肉了，就从此坚决不吃；她说不抽烟了，就坚决不再抽烟。"无志者，常立志。"没志气的人常说"我发誓，明天要起早"，但是第二天早上还是起不来，经常出尔反尔，违反自己的志向，立了一辈子志向，却没实现几样。好的志向立下后，就得像季布一样一诺千金。

德国著名哲学家、思想家康德是启蒙运动后期的主力干将。他就是一位有德行的人，是一个守时的典范。

一七七九年，康德想去拜访住在珀芬小镇的老朋友威廉·比特斯。他们约定三月二日上午十一点在威廉·比特斯的家里见面。为了按时抵达，康德于三月一日赶到了离小镇还有一段距离的一个农场。

第二天早晨，康德租了一辆马车，向威廉·比特斯的家赶去。途中，他们遇到了一座桥，不巧的是，桥板被水冲掉了，马车过不去。康德问马夫："附近还有没有其他桥？"马夫说："有一座桥，但需要从这里往上走六英里，到您的朋友家大概要十二点半。"这意味着他要迟到一个半小时。

康德急了，看到桥边有一座农房，便来到房子里，跟女主人商量，想请人修这座桥。女主人说："修桥得有木板。"康德说："把你家的房子卖给我，我拆几块木板，把木板铺在桥上，你只要在二十分钟之内把这个事情办好，房子我最后再还给你。"农妇乐坏了，说："那你出多少钱？"康德拿出了二百法郎。女主人赶紧把她两个儿子找来，拆掉房子，用木板把桥铺好了。康德赶紧坐上马车，顺利过了桥，往朋友家赶去，在十点五十分，抵达了威廉·比特斯的家。威廉·比特斯早就站在家门口等待康德，说："老朋友，你可来了，你可从来不失信。"据说，康德先生对朋友威廉·比特斯只字未提来之前发生的事。

为了守时，为了不失信于人，康德宁可损失金钱，这就是君子之风。守时是好品德的体现，是对别人的尊重。

我母亲有一个特点：做事情都是提前做好准备，今天要做的事情，她昨天就准备好了。比如说要出门，她老人家不仅自己提前准备了，还督促我们："赶紧起来，赶紧收拾。"老人家出去旅游，从不迟到，经常帮别人的忙，很受人欢迎。

有一次，我赶火车赶得很匆忙，坐着出租车紧赶慢赶，还是没赶上，这是我迄今为止唯一一次没赶上火车。还有一次朋友送我赶飞机，那次给我的感觉是我差点跑断肠。这两次教训，给我的感触非常深。从此以后，无论是坐火车，还是坐飞机，我都会提早到，在火车站、机场看书、学习。做其他事情也很少有迟到的经历，基本上都是早到，尤其是讲学，我都提前一天就到了。

我们跟别人预约也应如此，比如说跟人家约好九点见面，我们就得提早到那儿坐着等人家，可以喝点水，看会儿书，学习一会儿，别让人等我们。人家提早到了，而我们没有到，人家的心里是很难受的。一定记住，我们做任何事情，都要早做准备，哪怕只是两个人的约会，也要守时。

我们怎样培养孩子？我们自己要守信守时，凡是答应孩子的事情，就要信守承诺，哪怕他只是一个两三岁的孩子，我们对他的承诺都要遵守。比如说，承诺孩子几点钟陪他玩，那就要兑现。我们要让他认为，我们说一不二，从不撒谎，从不违约。这样他才会信任我们，以我们为榜样。

我们做到守时后，再慢慢引导孩子。比如说，应该几点起床，就要规定好，先让孩子自己承诺："你觉得这件事几点完成合适？"他说："十点，我能做好这件事情。"十点的时候，他如果没有完成，就再跟他做个新约定，一点一点地带动他，让他从小就养成负责任、守时守信的好习惯。

总之，守时就是守信，守信是尊重别人、也是尊重自己。所以，我们带动孩子养成这种好习惯。他将来一定能赢得好人缘、好关系，赢得别人对他的尊重与好感。如果有人想跟他做生意，却发现他连守时都做不到，就会怀疑他的信用，不敢跟他合作。如果不守时，将来他很容易撕毁自己曾经立下的誓言。因此，我们要帮孩子养成守时守信的好习惯，把他这方面的德行培养出来。

# 二十、善于倾听

一个人要想人缘好，就要学会倾听。一个讲话喋喋不休的人，基本上人缘都不会好。因此，我们要培养善于倾听的习惯。善于倾听，意味着要耐得住性子。哪怕是两个人的聚会，我们都特别愿意说，而不愿意听，没有耐心去听别人的心声。这是为什么？因为我们的"我执"、"我慢"。

现在为什么得抑郁症的那么多？一个人之所以得抑郁症，很重要的一个原因是，没人倾听他的烦恼、他的创伤、他的不如意、他内心的恐惧。

家长如果总是指责孩子没出息，孩子就会感觉得不到别人的倾听，所有人对他都是教导、指责，于是他越来越逃避。比如躲进自己的小屋里，不出来，也不跟别人接触，封闭自己。现在，网络交流为什么这么发达？为什么大家拿着手机不放？全世界的人宁可跟手机说话，也不跟身边人说话。为什么？就是因为我们得不到别人很尊重地倾听，家人之间也是如此，彼此没有时间听对方说话。一有时间，就看微信，关注网络，很少听别人说话。看似网络发达、交通便捷，我们的内心却是孤独的，很空虚。没人了解自己，没办法，只能诉诸网络，借助网络满足自己。

我发现来找我做咨询的人，几乎都是在生活中的想法得不到表达、情绪得不到宣泄、做法得不到理解的人。没人听他的，也没人理他。父母总是劈头盖脸地说："你就是这样的孩子！"父母很少放下手机，好好跟孩子聊聊天。家长如果经常倾听、了解、理解孩子，孩子很少有青春期叛逆问题。为什么？因为他已经得到了满足。如果孩子找我们说话，我们却爱理不理，或心不在焉地边听边玩手机，孩子就会烦得要命。这是对孩子的忽视，是不爱孩子的表现。孩子会认为我们爱的是手机，是别人，而不是爱他。可能他想表达他的困惑、人际关系的障碍等，但我们不想理他，不想听他的，他便躲进网络世界中，或者出去找小伙伴玩，变得跟我们越来越疏远。

即使科技发达，人们照样处于一种社交饥渴的状态，内心是孤独的、空虚的、饥渴的。为什么？因为人们"交流饥渴"。这种饥渴得不到满足，会发生什么？网络趁虚而入。因此，很多人被捆绑在网络世界里。网络为什么可以捆绑人？因为有太多的人得不到的满足，就只好在网络世界里寻求满足。

各自拿着手机，除了吃饭，从来不相互交流，各自沉浸在各自的世界里。孩子如果出现叛逆、不听话等现象，我们就要想一想，孩子是不是处于社交交流饥渴状态？他是不是没被倾听、没被尊重、没有得到爱。

我发现很多来找我倾诉的人，不需要我给他们任何意见，我只负责倾听就可以了。当然了，我也要有适当的回应。不能没有任何声音，我要适时回应他们："确实挺痛苦，我能理解你。"

善于倾听

要不停地给他们回应，但不需要给他任何意见。他们说完，心里就好受多了。有的人得到全身心的接纳后，他们的病就会好很多。因为他会觉得终于有人愿意倾听自己的故事、烦恼、不如意，甚至自己的隐私了。

我写过一篇文章，名叫《倾听就是最好的治疗》。我去灾区做心理干预的时候，遇到受灾的人，我的做法就是想办法让那人说就是了。在那个时候，"此时无声胜有声"，不需要讲大道理，陪伴和倾听就是最好的。我们有时候一整天也不怎么说话，但一直陪在受灾的人的身边。当然了，如果他身体上有创伤，我们可以有一个身体上的接触，给他按按摩，揉一揉。剩下就是倾听，他把他遭遇的创伤讲出来后，我们不发表太多意见。只要我们表示理解，他就会觉得好很多，他会觉得，这些志愿者重视我，愿意陪伴我。

一个人遇到重大挫折，或生病，或家庭遭遇重大变故时，他的家人或朋友此时不需要多说，不需要讲大道理，多陪伴陪伴他就足够了。

这些年我做心理咨询，大部分时间都是在听。病人有烦恼了，给你讲，可能会讲一两个小时，你只需倾听，了解他，理解他，接纳他，最后给他适当的情绪疏导和心理引导就够了。我为什么有这么多朋友？为什么有这么多学生和志愿者？因为我愿意听别人的故事。倾听，本质上就是你愿意去利益别人。

倾听要有定力。听别人诉苦时，接收到的大部分是负能量信息。该如何消化？要有定力，自己如如不动，不感到烦。圣贤就愿意"为诸有情不请友"。倾听他人的心事，前提是自己要做到"无我"，能够安下心来倾听别人。有我，慈悲就有限；无我，慈悲才出现。

伟大的古希腊哲学家德谟克利特曾说："只愿意说，而不愿意听，是一种贪婪。"做家长的、做老师的、做领导的，就是愿意讲，因为我们有话语权。在会议上、饭桌上、聚会时，有的领导几乎不给别人说话的机会。好领导愿意倾听员工，想知道员工有什么样的心声、有什么样的故事、工作中遇到了哪些问题。听完后，好领导会想办法帮员工解决这些问题，而不是一味在那里说教，甚至批评、指责员工。

孔子说："不患人之不己知，患不知人也。"（《论语·学而》）"患"是担心的意思，孔子的意思是，不担心别人不了解自己，只担心自己不了解别人。如何了解别人？倾听就是很重要的窗口。法国大思想家、哲学家伏尔泰说过一句话："耳朵是通向心灵的路。"通过倾听，我们可以了解一个人的内心世界。

如果我们自己不是倾听者，那我们就培养不出孩子倾听的习惯。跟孩子交流的时候，我们要学会倾听。有时候，孩子讲的东西不一定多有道理，但我们不要用成人的眼光和标准要求他们。他讲的可能是他认为好玩的东西，我们只需倾听，给他回应即可。这样，他会感觉很满足，会觉得爸爸妈妈愿意听我讲话的感觉非常好。他由此会学会，将来别人说话的时候，他也会倾听别人。

孩子如果没有学会倾听，走到哪儿都容易碰壁。他只顾着说话，不愿意听别人说话，小朋友不想理他，同学也不想理他，同事、朋友也不想理他。维持良好关系的关键秘诀之一就是倾听。如果别人跟你分享他的烦恼时，你不愿意听，那就麻烦了，时间久了，关系就会变得疏远。

营销高手都是特别善于倾听的人。客户跟他交流时，人家讲了半天，他不讲自己的产品，不讲自己的服务，他只听对方讲。对方就会觉得："这个人这么理解我，这么重视我，好，你的产品我买。"根本不需要做过多的营销，只需尊重、理解、接纳、重视对方。

别人请我讲学时，我会告诉他："你先学会爱吧，爱是最好的营销，你爱别人，别人就会爱你，就会爱你推广的产品。学会倾听别人的故事，倾听别人的心声，你就是一个好人。"我想给作为父亲的男士提个醒：当你的太太找到你，向你倾诉烦恼的时候，你要学会倾听，别直接对她说："这件事你应该这么做。"其实，她内心早就有了答案，根本不需要你给她提建议，她现在需要的是你认真地倾听她的故事，倾听她的忧伤和她的烦恼。这个时候，她会感觉得到了安慰，得到了理解，她的创伤得到了疗愈。男人经常不了解这一点，总喜欢给意见，而不是倾听。女人心里也不满："你怎么这样？我就是想让你听听而已，你却根本不听，还给我乱提意见。"

倾听别人的故事是对别人的尊重，陪伴别人就是用你的生命去陪伴别人的生命，他非常重要，我愿意用生命来陪伴他，倾听他。我们对倾听的认识必须上升到这个高度。

我们要逐渐养成善于倾听的习惯。倾听的时候，把手机放下，安安心心地听。刚开始，我们可能没耐心，坐不住，浑身难受，但当我们把这个习惯培养出来后，以后不管是学习，还是工作，我们都会有定力。

# 二十一、肯吃亏

今天，我们要讲的习惯是肯吃亏的好习惯。这个好习惯，有些人可能会不理解，吃亏还能是个好习惯？在世人看来，吃亏是要不得的。世人通常的做法是，教育孩子别吃亏。一旦吃了亏，家长就给孩子撑腰，找老师、找同学的家长、找小伙伴。我们小时候，只要老师来找家长，比如孩子打架了，家长基本上不管孩子有理没理就会打自己孩子的屁股。

现在，一旦孩子吃了亏，有的家长就会赶紧为孩子出头。为什么？因为他们有贪心，不想吃亏，只想占便宜。退一步讲，即使不占便宜，但也不能吃亏。那些爱贪小便宜的人，平日喜欢占集体的便宜、公司的便宜、工厂的便宜、单位的便宜、合作者的便宜、股东的便宜、团队的便宜，总以为占到天大的便宜，到头来却反而吃了大亏，损了太多福报。其实，这种人是愚蠢的，这才是"没文化真可怕。"

有的人因为没学圣贤文化，不懂因果，很愚痴，总觉得占便宜是好事，哪怕在单位拿一张纸，都觉得很好，很开心。到最后，这种人"机关算尽太聪明，反误了卿卿性命"。我们一定要有智慧，要有正确的见地，要养成肯吃亏的习惯，还要帮孩子养成这个习惯。孩子如果爱占便宜，你不但不批评他，反而夸他聪明，这样会害了孩子。

我们要处处利益别人，利益众生，代众生受苦，成就别人就是成就自己。孔子反复强调"仁"。我们如果处处占人家的便宜，这就不叫"仁"了。孔子的学生樊迟曾经问孔子什么是"仁"。孔子回答说："仁者先难而后获，可谓仁矣。"（《论语·雍也》）意思是说，有仁德的人，首先付出艰苦的努力，获得的结果放在后边全不计较，便可以说是"仁"。

"曲则全，枉则直，洼则盈，敝则新，少则得，多则惑。"（《道德经》）意思是说，委屈便会保全，屈枉便会直伸，低洼便会充盈，陈旧便会更新，少取便会获得，贪多便会迷惑。以前，我年轻气盛，觉得身体好，有智慧，很聪明，我虽不想占人便宜，但也不想吃亏。谁跟我打仗，我就跟他干，我体力好，经常跟人家逞强斗狠。虽然时常取胜，但我并不快乐。那时候，真不懂"吃亏是福"这个道理。

生活中，一个人如果处处占同学、朋友的便宜，就不会有好人缘；在单位，处处占便宜，谁见谁烦；在家里，该干的活不干，在家里就没地位，家里的成员，无论是父母、孩子，还是兄弟姊妹，都不喜欢他。

我们要懂"吃亏是福"这个道理。我们的站长、班长、组长、义工等人都肯吃亏。他们得多干活，得操心受累，有时候还受委屈。有的人还会笑话他们说："你闲的啊？干那么多的活，给你多少钱？"其实，做义工根本没有钱可以拿，有时候连赞美都得不到。这么多年，他们一直没工资可拿，但他们就是愿

肯吃亏

意干，在付出中不求回报，离一切相，"无我利他"，因为他们明白这样一个道理："自他不二，唯心所现，我们只要为众生干，就一定会回报到我们身上，会得到百分之百的回报，甚至会更多，因小果大。春种一粒粟，秋收万颗子。"

我们千万别告诉孩子，聪明点，别吃亏，多拿点，多吃点。如果这么告诉孩子，你就害了孩子。当然了，孩子该得的，就得，如果得不到，也不要耿耿于怀。

生活中，我们如果想以坦然的态度、豁达的心胸去面对逆境、面对我们不太喜欢看到的结果，我们就要记得"吃亏是福"这个道理。一个人如果没有吃亏的心态，就会处处与人争，就没有好人缘，就不可能有好缘分。

不过，吃亏的时候，我们还是要有智慧的，别让孩子硬生生忍住。不然，他可能会生病，会抑郁。应该让他明理有智慧，明白"吃亏是福"的道理。做到这一点，在处理生活中的问题时，他就会游刃有余。

按照世俗的观点，肯吃亏不是一个好习惯。我之所以把它列成一个好习惯，是因为从传统文化、为人处事的角度看，学会吃亏会让我们的人生走向有智慧的境地。这个道理，我们需要给孩子讲清楚。这样一来，我们就可以将孩子引导好，给孩子好前程。

# 二十二、早起

今天，我们要讲的好习惯是早起的好习惯。成功的人，特别是做大事的人，绝大多数人都有早起的习惯；不成功的人，大多喜欢睡懒觉。因此，无论是学习，还是干事业，勤劳的人都习惯早起。"三更灯火五更鸡，正是男儿读书时。"（唐代颜真卿《劝学》）我们要规划好宝贵的时间，不能睡懒觉。

我母亲常说："现在的孩子是，晚上不睡，早上不起。"很多孩子晚上玩手机、刷短视频，该睡觉的时候不睡觉，该吃饭的时候不吃饭，该起来的时候不起来。长此以往，身体一定不会好。现在有的人，二三十岁就四处治病，这都是熬夜造成的。《朱子家训》中说："黎明即起，洒扫庭除。"父母起来了，孩子也要起来。父母干活时，我们要行孝，也要早点起来，跟着父母一起干活儿，到点儿按时吃饭，"亲所好，力为具。"让父母欢喜。

我是农民子弟出身。春夏季节，农民基本上早上三四点就会起床。我记得小时候，天蒙蒙亮，就会起来，往地里送粪，种地，一直干到七点多才回家吃早饭。早起有诸多好处，凉快，人少，心静，做事效率高。

民间有句话："早起三朝当一工。"（清·牛树梅《天谷老人小儿语补》）什么意思？意思是说，三天起早的工夫，累加在一起，就等于又多了一天。比如说，冬天的时候，东北经常下雪，早晨一睁开眼，外面白茫茫一片。这时候，我们如果早早起来，去洒扫庭除，等父母起来后，你已经把雪打扫干净了，你心里就会感到特别快乐和满足，这是作为一个孝子贤孙应该做的。

早起是自律的体现。成功需要自律，需要克服无量的习气。我写过一篇小短文，名叫《自律是成功的方向盘》，中心意思是，成功的人没有几个不自律的。真正的成功是自律的结果，高度自律的副产品就是成功。曾国藩说，看某家子孙是否有出息，就看三点：第一，看这家子孙几点起床。第二，看他们是不是主动做家务。第三，看他们喜不喜欢读圣贤书。

梁元帝萧绎有句流传千古的名言："一年之计在于春，一日之计在于晨。"（南朝·梁·萧绎《纂要》）南怀瑾说："能够控制早晨的人，方可控制人生。"一个人如果连早晨都控制不了，那他肯定控制不了自己的人生。那些成熟的人、自律的人、勤劳的人，都习惯早起，早晨四五点钟就起来，有的跑步，有的练太极拳，有的练习用多种器械健身，身体锻炼得棒棒的。睡懒觉的人，没几个有好身体的。

"日出而作，日落而息。"（《庄子·让王》）这符合天地运行的规律。从"天人合一"的角度看，养成早起早睡的习惯，我们将终身受益。一个人一天如果睡八个小时，那意味着三分之一的时间都在睡觉，一个人倘若活七十五岁，就会有二十五

早起

年的时间在睡觉。其实，一个人一天睡觉六七个小时就够了，可以节约出更多的时间来修行、做事业、做家务、锻炼身体、读圣贤书。美国政治家、科学家富兰克林说："我从未见过一个早起、勤奋、谨慎、诚实的人，在抱怨命运不好。"这是因为他养成的这些好习惯造就了好命运。因此，要做一个成功的人、修行成就的人，我们先要养成早起的习惯。

如果想帮孩子养成早起的习惯，家长自己要先养成这个习惯，同时还需要智慧地引导孩子。现在，有的父母很勤劳，很早便起来干活儿，但坚持让孩子睡觉。"你多睡会儿吧，只要你把学习搞好，剩下的什么都不用你管。"这是一个大误区。"慈母多娇儿。"父母若溺爱孩子，就会宠之害之。

我们早起，也尽量让孩子早起。如果七点出发去学校，最好五点半就让他起床。他可以从容地收拾自己要用的东西，还能有时间晨读，做些适当的家务，出去活动活动，走走路，锻炼锻炼身体。

"早起三光，晚起三慌。"（清·于树滋《瓜州续志》）意思是说，早起的话，日月星三光都能看到，引申开来就是，早起可以将身边的事情料理得明明白白、清清楚楚；晚起的话，就会急躁慌张。现在，很多孩子，家长得喊上几遍才起来，起来后，磨磨蹭蹭，头也不梳，脸也不洗，书本放得乱七八糟，等到还差十分钟的时候，跟逃跑一样，什么都还没有收拾，饭也没吃，孩子抱怨，家长着急往学校送，一路也没个好心情。如果早早起来，各干各的活儿，该学习的学习，该锻炼的锻炼，该做家务的做家务，利利索索，饭也能吃上，从从容容地去上学，就不至于慌张忙乱。

有竞争力的孩子，从容不迫，做任何事情都很有计划性。干净利索、严谨自律的人，走到哪里都很受欢迎。坏习惯会给孩子埋下失败、烦恼、痛苦的种子。如是因，如是果，将来成家也烦恼，工作也烦恼，哪怕出去旅游也烦恼。自律的人，功课很早就做完了，饭也吃了，行李也准备好了。晚起的人，衣服没拿，包也没拿，饭还没吃，还害得大家都要等他，为他操心。

我女儿四五岁时，我便带她跑步，我们俩比赛，我总是让她赢，她就很开心，第二天早晨，她早早地起床，对我说："爸爸，跑步去。"我说："好啊！"这一次，我还是让她赢。这是为了让她在跑步中感受到快乐、成功感、价值感。她很享受这一段快乐的时光。

我们得让孩子在早起的习惯中感到快乐。早起有收获，孩子就会喜欢早起。孩子感受到快乐，才愿意去做。因此，我们教育孩子，一定要先好好学习老祖宗留给我们的宝贵经验和智慧。希望我们每一个人都能用智慧帮孩子养成早起的好习惯。

# 二十三、未雨绸缪

今天，我要讲的好习惯是未雨绸缪。为什么要讲这个好习惯？因为一个人如果不能未雨绸缪，那他就只能做眼前的这些小事，做不成大事。

人一生中一定会遇到坎坷，遇到挫折和失败。如果没有长远的打算，没有在事情发生之前就做好准备，事情来临便会惊慌失措。

《三国演义》里的诸葛亮是智慧的化身，做事情能未雨绸缪。他决定去东吴吊孝，知道人家可能要害他，便提前把事情都安排妥当了。在哪个时间出去，在哪个码头接头，船也事先安排好了。因此，他从容不迫地按照计划一步步做。走的时候，吴兵追到江边，诸葛亮已经坐着小船走了。

军事家、政治家做任何事情都要有远见。像草船借箭一样，把草预先扎好放在船上，等敌方射完箭后，就把箭取走了，这就是具有未雨绸缪的能力。未雨绸缪的原义是指，雨还没有下来，就把窗户关好，避免雨淋到屋子里或者把窗户吹坏。引申义是，做事情一定要有规划；如果没有规划，就一定会遇到问题。

四川省安州区有一所中学，名叫桑枣中学，校长叫叶志平。

叶校长做事未雨绸缪，多次叫人加固学校。平时，他还经常组织师生参加震后逃生训练。当时，有很多人提出质疑，说咱们这里又没那么多的地震，天天费这个劲儿练这些东西干吗？太折腾老师和学生了。因为训练的内容很复杂：一拉铃就开始跑。第一层的人怎么跑，哪个教室跑，怎么跑，每个人怎么跑，都是有顺序的。比如说，一个班级中，哪个组先行动；一个年级中，哪个班先行动，都要有顺序，必须按这个顺序跑。因为这样做就不会拥挤，避免发生踩踏事故。

二〇〇八年，汶川发生了大地震。桑枣中学挨着北川，是震中之一。地震发生那天，叶校长恰好出去办事了。全校师生一看地震了，马上按着平时训练的方式往外跑。这所中学共有二千二百多名学生和一百多名老师，他们用了多长时间就跑出去了呢？学校摄像头的记录是，只用了一分三十六秒，所有的人便都跑到了操场上，一个人也没有死亡，甚至没怎么受伤。由此可见，未雨绸缪是多么有用，一分三十六秒保证了二千三百多名师生的生命安全。这是一个教科书式的逃生案例，非常值得我们学习。

上面的这两个例子告诉大家，我们做任何事情都应该有长远的打算。比如说，我们的家庭教育就要有长远观。我们最应该给予孩子的是什么？正确的价值观、良好的习惯和美好的德行，让他有自立的精神，能自律，又有智慧。我们要给予孩子这些东西，而不能只盯着分数。学习好，靠分数，考上好学校，找到好工作，孩子将来就都能幸福吗？不尽然。如果孩子人格有问题，心理有问题，没有德行，将来他是不会幸福的。

好吃的，好穿的，好学校，好班级，好成绩，这些都是外在的东西、短期的东西。让一个人真正受益的是他的真心。将来，孩子要跟同学相处，要跟老师相处，要跟朋友、领导、同事、客户相处，要谈恋爱，要娶妻生子，将来还要跟孩子相处。难道这些也靠分数？

据说，美国做过一项调查：幸福最重要的标准是什么？结论是良好的关系，而不是分数高、工作好。良好的关系靠什么？靠我们用"真心"去建立。"明明德"就是教导我们找到并发挥出自性来。教育的核心是找到自性。执住了这个"牛耳"，我们就知道如何培养孩子了，那就是让他觉悟，找到自性。这就叫未雨绸缪。

如何未雨绸缪？就是我们要践行孝道，推广优秀传统文化，让我们的子孙有一个良好的环境，就好比有好土壤，种什么都能开花结果。我们要为子孙后代考虑，提升善根，为优秀传统文化的复兴培育沃土，从我做起，从我们的小家做起，从我们的孩子做起，要让孩子有战略眼光，培养他做任何事情都有规划，有深谋远虑、高瞻远瞩的眼光。不能只看一步，得看好几步。如何实施？我们可以从点点滴滴做起。比如说，孩子因为穿得少，感冒了。家长可以借这个机会教育孩子，穿得少是因，会受冻感冒是果，流鼻涕，发烧，难受，打针，不但遭罪，还耽误学习。我们可以抓住这样的机会，引导孩子，教育孩子，树立"因果意识"。再比如说，出去旅游时，孩子如果忘记带东西，就会遭罪。我们可以趁这个机会，让他养成爱思考的习惯。如果出去旅游，我们把所有东西都替孩子带上，那孩子做什么？

未雨绸缪

他就不需要动脑筋了。到时候，他会埋怨家长，没有给他带全。我们得告诉他，自己的事情自己办好，皮箱自己拉，东西自己准备，水杯、雨伞、薄衣服、厚衣服、帽子、镜子等，都得让他自己准备。

我是一个很独立的人，所以我特别希望我女儿也很独立，愿意培养她独立的精神。在独立作为的过程中，她会有独立的思考，独立思考时间久了，她就会为自己负责。

我女儿没有考上"一本"，只差几分。在学习这件事上，我没有让她拼命学，因为她比较自律，更多的时候我都是告诉她别学了，休息一下吧。得知自己考上"二本"后，她跟我说了一句很有趣的话："宁当鸡头不做凤尾。"接着，她又对我说："爸爸，这个成绩上一本，我会是最差的。别人都是好学生，而我却不是，我会感到很大的压力。但是，这个成绩上二本，我就是好学生。我现在虽然不是一本生，但将来我要比她们强。"

她的想法是，她将来一定要考上好大学的研究生。我就对她说："那你自己就一定要有所准备。"她说："好，我现在就开始准备。"她于是开始研究，将来去国外读研究生都需要具备哪些条件。最后，她总结出世界名校招收研究生的条件是：第一，大学成绩都要高，都得九十分以上。第二，社会实践能力要特别强，不能是死读书的学生。第三，英语要过关。第四，要做一些公益事业。

接着，她开始做各项准备。大学四年里，她真的做到了门门都考九十分以上。她是在上海读的书，班级、系、院、学校、区、上海市到国家，各个等级的奖学金都拿到了。

她不单努力学习，还积极参加社会实践，自告奋勇地当上了班长。当上班长后，又当上了学生会干部，后来又当上了外联部的干部，社会实践能力实打实地练出来了。

后来，上海开"世博会"，她就去当志愿者，学会了日语、法语和英语。毕业后，我女儿顺利地考到了一所世界名校。女儿做事能够未雨绸缪，四年以后的事情，她提前便开始做准备。这些源自平时对她的训练。多数的事情都让她自己做主，自己做，看似缺少点爱，其实不然。现在，有的父母看似有爱心，什么都替孩子做，但这不是长久之计。这种方式培养出来的孩子，将来不会有独立解决问题的能力，会处处被动，那个时候，家长就有操不完的心。

一个独立的孩子，有智慧的孩子，能够自己解决问题的孩子，和一个事事要靠父母，一点儿事就打电话找父母，让父母愁苦担忧的孩子，是天壤之别的。因此，我们做任何事情一定要未雨绸缪，想得远，有准备，平时就要用功、努力。

希望我们每一个人都能够做到这一点，并培养我们的孩子从小时做事情就有准备、有眼光、有计划，为自己的未来负责。这才是父母给孩子真正的爱，胜过简单地给孩子钱、给好吃的、买好穿的、好用的。

# 二十四、换位思考

　　换位思考是一个人应该具备的优秀品质中很重要的一个。一个人有多成熟、有多少人愿意帮他，就说明他有多强的换位思考的能力。换位思考是一个人成功必备的品质。杰出的人都具有极强的换位思考能力。一个人到了圆满的圣人境地，就会具备百分百换位思考能力，就与万事万物同体，自他不二。圣贤会敏锐地体谅别人，站在别人的角度去理解、去体谅别人。

　　从这个意义上讲，换位思考能力是一个人是否成熟的重要标志。当别人说"你怎么不替我考虑"时，他就是在埋怨你没有换位思考能力。因为"我执"，我们就看不到别人的需要，也很难站在别人的角度去思考、去体谅。人缘特别好、素质高的人，体谅别人的能力也强。人缘极差、没有朋友、比较孤独的人，往往都是自我中心的人。他不想别人，只想自己，没有换位思考能力。

　　我们可以把换位思考能力理解成反省能力。一个人如果没有反省能力，根本谈不上其他。懂得反省，就是觉醒的开始。

　　在做心理咨询时，我们经常做"角色互换"。角色互换就是让孩子当家长，让家长当孩子，你写作业，"家长"训斥你。

通过角色互换，我们让家长们感受一下被人训的滋味儿有多难受。通过角色互换，家长就会下决心以后再也不这样对待孩子。孩子也一样，让他体验一次，比如说让他体验体验做饭、拖地的辛苦。家长很累的时候，让孩子去干活，照顾父母，创造机会让孩子换位体验。如果家长永远自己扛，孩子就没有任何体验的机会。

有的学校曾做过疼痛测试：在孩子的肚子上绑上电极，然后通电，让他感受他母亲生他的时候到底有多么疼，他就会生发对母亲的感恩之心。我们要创造机会给孩子进行换位思考。比如说，如果孩子浪费粮食，那就带他去种地，让他体验"粒粒皆辛苦"的辛劳，从育种、选种子、播种、施肥，到锄地，再到收割、脱粒、粉碎。让孩子全程体验一次，他就能感受到粮食的得来到底有多么不容易。

一个人要不断地进行角色互换体验。为什么圣贤那么慈悲？就是因为他的体验太丰富了。我们的体验太少了，世间的疾苦没尝到，接触的都是好的，吃得好，穿得好。我们要给自己创造体验的机会。我们是医生，就会站在医生的角度看问题；我们是患者，就站在患者的角度考虑问题；老师站在老师的角度；家长站在家长的角度；学生站在学生的角度；妻子站在妻子的角度；丈夫站在丈夫的角度……我们各自站在自己的角度理解和思考问题，很难站在对方的角度去思考问题。这个时候，我们就需要经常进行换位思考。

去医院的时候，我们要体谅医生。他们一天面对这么多患者，我们要体谅人家的不易。作为医生，也要体谅患者的疼痛、绝望和内心的痛苦，以及陪护的家属的不易。圣贤完全能站在对方的角度思考问题，达到"无我"的境界。

儿女要站在老人的角度思考问题。我母亲给我讲过我外公和我父亲的故事。"文革"期间，我父亲三十多岁，身强力壮，在生产队当队长，我外公快六十岁了。那时候，父亲的换位思考能力差一点，他特别喜欢年轻人，因为年轻人一喊号很快就把活干完了；老人呢，走路就得走半天，晃晃悠悠，活儿也干不快。我父亲常有抱怨之心。

后来，我外公跟我母亲抱怨说："他（我父亲）正年轻，根本不知道我们这些老人腿脚不好使，也没有多少体力，干不了重活。他总埋怨我们干活不利索，太慢，干得不够多，等他老了，他就知道了。"

我外公六十多岁就去世了。母亲常跟我说，她能体验到老年人的苦。到了一定年纪，牙掉了，走路也得小心，要是摔倒了，自己根本起不来，身上不是这里疼就是那里疼。因此，我们作为儿女，一定要体谅父母，一定要换位思考。

我们跟父母在一起生活的时候，要以他们为主。不能我要吃凉的，就吃凉的，因为老人吃不了凉的，太热的也吃不了。我们做菜、做粥，都要软些，因为老人吃不了硬的。我们不能以自己的口味为主，想怎么弄就怎么弄，而是要处处体谅老人。

你跟老人一起走路，他走得很慢，比你的速度要慢好多。你就得跟他保持同样的速度。如果你走到前面去了，他就会觉得你嫌弃他。你也要告诫身边的人，要随时陪伴他，等待他。上楼下楼，必须扶他，你不扶他，他就得扶两边的栏杆。

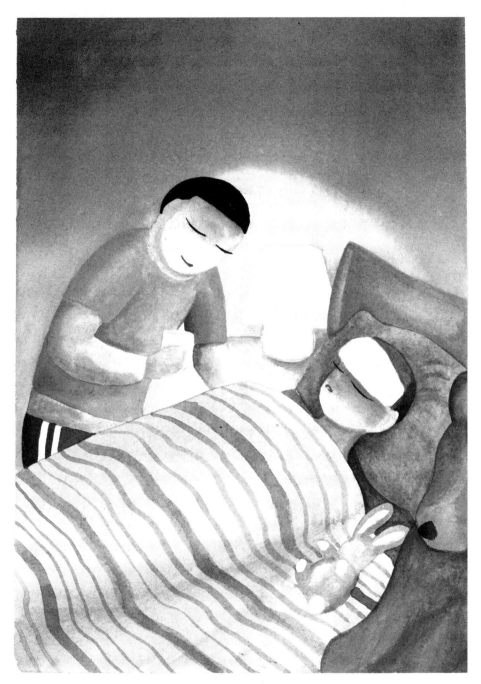

换位思考

　　不只是对老人，对任何人，我们都要体谅，对孩子也一样。不要总是站在成人的角度去看孩子，我们要想一想，也许我们小时候还不如人家呢。

　　等我们老了，我们就知道行走有多么不便；生病后，就知道生病的人有多难，动也不能动，甚至吃饭都吃不了，去卫生间都要人伺候。因此，我们对待病人，不管是年轻人，还是老人，都要细心照料，要放弃一切成见，少说些没用的。照料好了，等他身体逐渐恢复了，再慢慢地给他讲些身体保健的道理，别一上来就给他上课。那个时候，病人特别脆弱，他需要的是安慰、照料、关心，不需要指责，不需要抱怨，不需要我们的指导。

　　员工要站在老板的角度思考问题。不能说，我不是老板，我一个月就拿这么点钱，我才不管那么多呢。这种人永远没出息。为什么没出息？因为这样下去，他永远当不了老板。

　　我当过老板，知道当老板有多难。有时候，老板赔钱，员工挣钱。比如说，员工一个月拿五千、一万，高层可能拿两万，到月就拿工资，但这些钱可能是老板借贷来的，他每个月都要付利息。员工很有可能都看不见这些，也不知道老板从银行那里贷了多少款，装修用了多少钱。老板是"牙掉自己吞"，"胳膊折了袖子里藏"，可能一个项目干完后，老板赔了几百万，员工一个月干完了，该拿多少拿多少。因此，好员工要学会站在老板的角度思考问题，多给老板省钱，体谅老板的难处。

　　学生想让老师喜欢，那他一定要体谅老师。学生在课前事先要把黑板擦一擦，老师需要什么，学生要有眼力见儿，及时给老师递东西，这就叫换位思考。

在社会上，我们有各种各样的角色。我们在承担某个角色时，要换位到对方的角色。营销大师都善于站在客户的角度思考问题：客户用这个产品时，他会有怎样的体验？哪些地方方便？哪些地方不方便？该如何改进？他总是这样思考，而不是站在自己的角度看问题。

有一次，我出差坐汽车。一路上，司机一直在放摇滚乐，声音挺响。行程很远，我也挺累，摇滚乐一直在放，我实在有点受不了，就对他说："兄弟，你能不能把那个音量放小一点。"他说："我喜欢听这首音乐。"我听后，感到好无奈。服务行业的从业人员，是为顾客服务的，要体谅顾客，要以顾客的体验为中心。圣贤都有利他精神。什么叫利他？就是懂得换位思考，他们知道大众的心情是怎样的，知道大众需要什么，知道如何满足他们。

做公益也是如此。人们常说："施者不甘，受者不安。"谁愿意无缘无故地接受别人的捐赠？很多人不愿意被别人帮，实在无奈，才接受别人的帮助。因此，这个时候我们一定要保护好别人的自尊心，不能"消费"别人的贫穷和尊严。让人家在接受我们的帮助的时候，内心不会起很大的波澜，不会感受到压迫感，这就是我们对别人的体谅。

多年来，我坚决不允许把受助者拉上来，让人家在台上表达感谢之意，除非人家自己愿意。有一次，我们在温州做公益。台州的一位受助人在我的朋友圈看到了消息，就制作了一面锦旗，从台州赶到温州，把锦旗送给了我们。这么做可以，因为人家愿意，人家想表达感恩。但是，如果开年会时，我们通知受助人："你来讲一讲受助体会吧。"这样做就不行。帮助别人要优雅一点，要让受助人不会有压迫感，不会觉得尊严受到了侵犯。

我们要把换位思考的习惯运用到生活中、工作中。曾有很多人向我表达感恩之情："老师，您拯救了我。"这个时候，我不能说："对，我确实挺厉害。"而应该说："这一切都是因为你自己有善根，都是因为你自己努力了、反省了。你的改变与我关系不大，我最多是助缘。"要把荣誉留给别人，让他感到有尊严，人家会感到舒服。一个人内心不觉醒，不想改变，圣贤也帮不了他。因此，是人家自己觉醒的。不管是谁，我的学生也好，志愿者也好，当他们向我表达感恩之情的时候，我都是这样说，然后再适当地鼓励他。

朋友请我们参加会议，这时候我们要站在主人的角度去护持别人。我母亲这一点就做得特别好。比如说，婚丧嫁娶，在农村是大事，她去人家帮忙的时候，赶礼（随份子）的同时，她还会帮人家干活儿。母亲经常教育我们说，别到人家那儿一坐，然后就去打麻将、聊天，我们要替别人考虑，该干活就干活。养成换位思考的习惯后，走到哪里，你都会站在人家的角度思考问题，哪些事情需要我们干，我们就干。有时候，人家根本不需要你干活儿，但是你的行动，会暖人心。人家来了就帮你做事，你心里能不暖吗？你肯定会对这个人印象深刻，有好事，你会想到人家。成功的人走到哪里，都是春风普渡，而不是走到哪儿都是冷若冰霜，让人感到寒冷。

我们要首先养成换位思考的习惯，然后帮孩子养成这种好习惯。如果孩子没有这种习惯，他走到哪儿，都会站在自己的角度思考问题，他只想着对立，跟老师对立，跟同学对立，跟领导对立，跟同事对立，跟客户对立。这种人必定处处碰壁，处处受挫。

我们要经常换位体验。比如说，母亲干活特别辛苦，那就要让孩子体验体验。多让孩子体验某个角色，他就很容易理解这个角色的辛酸和不易。没有体验是不行的，只停留在思考层面，是不深刻的。一个人有自他交换的能力，就来自深刻的体验。

有的家长不愿意把自己的心酸和不易告诉孩子，这是不对的。当然了，我们不要给他造成心理阴影。我们要有智慧地让孩子体验到爸妈的不容易，挣钱不容易，顶着诸多压力去生活、去工作的不容易。一旦体验到这些，花钱时他就会思考，要节约，使用东西时，他也会思考，要惜物，从小事到大事，他都会事事换位思考。

换位思考的目的是什么？就是让我们做一个体谅别人、利益别人的人。利他的人是快乐的人。父母要帮孩子从小养成换位思考的习惯。这对他这一生很重要。走到哪里，都能换位思考，这种人能不成功吗？人缘能不好吗？人缘好，帮助他的人就多，他就很容易成功。

一个人如果不能突破自我中心，如果没有养成换位思考的习惯，他就比较难以改变自己，他的命运也很难改。因为他总是以自我为中心，这种人的命运会比较悲惨，老了后，会很孤独，儿女也不太愿意理他，老伴也不想理他，没有朋友，只能孤独终老。

　　无论是从事业的角度、家庭的角度，还是修行的角度、利他的角度，我们都要养成换位思考的习惯。这样一来，我们的人生就会比较顺。

# 二十五、助人为乐

今天，我要讲的好习惯是助人为乐的好习惯。对我们大爱人来说，对公益人来说，助人为乐早已习以为常。我们经常做各种各样助人为乐的事情。但是，我们也要时常反思自己："我们是否能够在起心动念处、行住坐卧中都在助人为乐？"

助人为乐是我们本性中本具的熠熠闪光的品质。"人之初，性本善"。(《三字经》) 善是我们的本性，只不过，有的人本性被贪欲遮蔽了。这就是我们大力弘扬中华优秀传统文化的一个重要原因。目前，世界面临资源危机、环境危机等诸多问题。这些问题怎么产生的？根本原因是人们越来越自私，以及圣贤教育的缺失。

中华优秀传统文化的核心是仁、义、礼、智、信。"仁"是啥意思？"仁"是指我们与人相处首先要考虑别人；如果只考虑自己，那就是不仁，就是自私自利。孔孟文化的核心是"仁"，仁爱一切众生。

我们要培养孩子助人为乐的精神。一个人喜欢助人为乐，喜欢无私无我，就会有一个幸福的人生。用圣贤的话讲，我们自性是纯净纯善的，是极其清净的。"何其自性，本自清净。"(《六祖坛经》）自私是一种习气，不是我们的本性。我们的本性是纯净纯善的，是无私的。

我们应该早早地告诉孩子这个道理。世间所有的快乐都是由利他产生的，所有的痛苦都是由自私自利造成的。孔子、老子、孟子这些圣贤，都是百分百地利他、无我。人一旦有我，一旦产生"我执"，就会痛苦；人无我，就会解脱。

我教过的一个班级有一个性格很好、人缘很好的男生，班级里的同学都很喜欢他。经过仔细观察，我发现：他的性格很好，不搬弄是非；他特别愿意帮助别人。比如说，往外面走的时候，要是看见谁文具盒掉到地下了，他就顺手帮人家捡起来；同学有困难，他愿意出手相助。一个人如果人缘好，别人也都愿意帮他，他就会生活得很快乐。

我们如果想快乐，就得让身边的人快乐，"泛爱众"，助人为乐。帮助别人，别人快乐，我们也快乐。如果某个孩子没有养成助人为乐的习惯，会痛苦一生。他很难有好人缘，很难处理好关系，很难取得成功。一个成功的人，一定善缘好，必然有人愿意成就他；自私自利的人，没有人愿意来成就他。

见到需要帮助的人，我们应当毫不犹豫地去帮他，也让孩子出手相助。这时候，孩子就会感到很快乐。为什么？因为助人行为符合孩子自性的性德，能启发孩子内在的善良，也能增添孩子的浩然正气。别人夸赞孩子好，他得到被肯定后会更加努力。

我之所以做公益，很重要的一个原因是受我母亲的影响。她是一位善良、利他、有悲悯之情和大义精神的母亲。她看到

助人为乐

别人有困难，她不但自己会出手相助，还让我们也出手相助。我耳濡目染，就一点一滴地学会了。现在，她上街依然会带现金，我跟她上街买菜，她揣好几份零钱，遇见弱势群体，这个也给，那个也给，不给就特别难受。母亲的这些习惯，深深地影响了我。因此，我从小就特别喜欢帮助别人。那时，人力车很多，农民用它往地里送粪，车都很重，上坡时拉不上去。这时，我便会跑过去帮他拉。我已经习惯成自然，帮人挑东西，帮人拉车，主动让座，做这些事情心里特别快乐。

我特别能理解雷锋同志为什么那么愿意帮助别人。因为助人是快乐的。因此，我们要在点点滴滴的小事上影响孩子，带着孩子一起做助人为乐的事。

"君子贵人而贱己，先人而后己。"（《礼记》）"或饮食，或坐走，长者先，幼者后。"（《弟子规》）这一点，我母亲做得特别好，做什么事情，她都会让着别人，让别人先吃，让别人多吃，她总是克制自己，自己吃不好的，吃剩下的。有人说她没福气，好的永远让给别人。但是，我不这么认为，我觉得老人家有福气，必得福报。

大凉山有一位志愿者，她的微信名就叫"助人为乐"。我们都管她叫乐姐。她是一位清洁工，早晨三四点钟就起来扫大街，干完活去走访贫困家庭、贫困学生，做公益，下午再打一份工。她经常捐钱，三五十块或百八十块。有人说她傻，但乐姐却乐在其中。在她的带动下，她的家人、身边的人全都热心公益。现在，她建了一个公益群，常年资助贫困的大凉山学生。

从乐姐的身上，我们能够感受到，公益不只是有钱人的事，没钱人一样可以做。她努力走访，审核、整理成材料，最后找到与自己同行的爱心人士，为那些贫困家庭和爱心人士之间搭起了一座爱的桥梁。乐姐乐此不疲，她是一名优秀的志愿者、优秀的义工。她真正地践行了助人为乐的中华美德。我们应该向她学习，培养我们的孩子从小就有助人为乐的精神。

# 二十六、改过

肯改过的习惯难养成。很多人习气特别重，包括我在内，我们都不愿意认错。不认错，就更不愿意改错，这是我们的一大恶习，一大"我执"。一出问题，我们通常会掩饰自己的错误。我们还特别愿意找别人的错误，把责任推到别人身上。

趋利避害是人的本性。凡人都特别喜欢成功、喜欢别人的表扬、赞美和掌声，不愿意面对自己的问题、阴暗面、错误和过失。圣贤就不是如此，他们敢于面对自己，敢于赤裸裸地面对自己的问题。

"人谁无过，过而能改，善莫大焉。"(《左传》)后人加以引申，将这句话改良为："人非圣贤，孰能无过，过而能改，善莫大焉。"这句话揭示了一个道理：人无完人，普通人犯错在所难免。因此，一个人如果把自己包装得没有一点过错，那这个人肯定有问题。一个人在成长过程中，难免会犯下各种过失。孟子小时候特别贪玩，不愿意学习。孟母很生气，便通过"断机杼"的方式，让孟子醒悟。由此可见，圣贤小时候也是普通人，也会有诸多问题。哪怕四五十岁、五六十岁的人，照样会犯错。

在没有彻底觉悟之前，过失和错误可能会伴随我们一生，我们的每一个起心动念不可能那么好、那么圆满。因此，我们要善于学习，早日了解圣人为我们揭示出的宇宙人生的真相、因果规律，并对照圣贤的教诲，每日三省吾身，修正自己对宇宙人生错误的看法、想法、做法。从修正念头、知见、思想入手，理观事修，解行并重，以明明德，回归自性，明心见性。"过能改，归于无，倘掩饰，增一辜。"（《弟子规》）普通人喜欢掩饰自己的过错。看一个人对自己或者对别人是否真诚，就看他对待错误的态度。一个人如果极力掩饰自己的错误，就说明他内心发虚，虚伪才会文过饰非。真正的君子、坦坦荡荡的人是敢于面对并及时改正自己的过失的。

理论上讲，我们普通人不可能不犯错误，但随着我们的成长，每天不断改正，就会"德日进，过日少"，犯的错会越来越少。在成为圣人之前，人们不可能一个错误也不犯，孔子也一样。

孔子改错的故事有很多。我们不妨举两个典型例子。孔子五十五岁时，带着他的学生周游列国，推行"恢复周礼，以礼治国"的理念。当他们游学到陈国时，孔子在陈国大讲周礼，讲完后赢得了陈国上下一片喝彩。他们对孔子的学问和德行给予了高度的评价。这时候，陈国大夫陈司败向孔子问"礼"。

孔子是鲁国人，陈司败非常了解孔子家乡鲁国的情况。当时，鲁昭公娶了吴国的一位妇人，但这位吴国的妇人和鲁昭公同姓，都是姬姓。当时，按周礼同姓不能通婚，同姓通婚是失大礼的行为。陈司败问孔子："昭公知礼吗？"孔子回答说："知礼。"陈司败就没有再问下去。孔子出来后，陈司败对孔子的学生巫马期说："吾闻君子不党，君子亦党乎？君取于吴，为同姓，谓之吴孟子，君而知礼，孰不知礼？"意思是，"我听说，君子是没有偏私的，难道君子还包庇别人吗？鲁君娶了一个吴国的同姓女子做夫人，是国君的同姓，称她为吴孟子。如果鲁君算是知礼，还有谁不知礼呢？"巫马期把陈司败的话如实地告诉了孔子。

孔子是怎么反应的呢？他说："丘也幸，苟有过，人必知之。"意思是，"我真幸运，我一有错，就有人来告诉我。"从这句话看，孔子实际上是跟自己的学生承认了自己的过错。

孔子当时为什么说鲁昭公知礼？因为孔子秉承的"为尊者讳"原则，即对君王、对尊长要避讳，不可以说自己国君的过错。但是，陈司败对他的嘲讽，促使他赶紧承认了自己的错误。孔子这个时候大概已经六十岁，但他依然有勇气在晚辈和学生面前承认自己的过错。

关于孔子改错，还有一段很有趣的小故事。这个故事的真实性有待考察，不过，倒很有意思。故事讲的是，孔子带子路、子贡、颜回外出游学。他们仨人是孔子的得意门生。子路特别勇敢、直爽；子贡特别有钱，能说会道，外交能力特别强，人缘非常好；颜回好学，德行特别好。

他们一边走，一边游学，一路来到了海州。他们到海边时，突遇大雨，狂风乱作，暴雨倾盆。就在他们无处可去的时候，遇见了一位老渔翁。老渔翁说："来，这里有个山洞，可以避雨。"他们师徒几人便赶紧跑进山洞避雨。待在山洞里，看着大海，孔子来了雅兴，赋诗一首。前两句是："风吹海水千层

肯改过

浪，雨打沙滩万点坑。"这首诗写得很好，大风吹起层层巨浪，大雨落到沙滩上，砸出无数小坑。谁知老渔翁却说："你这首诗有点儿问题。"孔子于是问道："老人家，有什么问题？"老渔翁说："海水的波浪特别多，你怎能知道这波浪有一千浪呢？沙滩上有很多坑，你怎么知道一定是一万个？"

孔子知道自己用的是"虚指"，但他不愿意争论，就没说什么。这时候，直性子的子路上前跟渔翁辩论道："你只是一个渔民，怎么有资格跟我们老师辩论？"孔子赶紧制止了子路，然后跟老人家请教说："老人家，您说我的诗写得有问题，请问您觉得应该怎么写？"老人家说："那我给你改一改吧：风吹海水层层浪，雨打沙滩点点坑。这样就准确了，你那个不准确。"他说完，子路又不干了："我们老师这么有学问，你还敢给他改诗！"老人说："你们老师有学问，我不便说什么，但再有学问的人也不可能样样都好。"这么一说，子路哑口无言。说完，老渔翁就出去了。

孔子望着渔翁走远的身影，对三个弟子说："知之为知之，不知为不知，是知也。"意思是说，我们要谦虚，在学习上要坚持老老实实的态度，知道就是知道，不知道就是不知道，不能不懂装懂。这是应有的求学态度，我们做其他事也应如此，对的就是对的，不对的就是不对的，要勇于承认。望着眼前的情景，孔子又即兴作诗一首："登山望沧海，茅塞豁然开，圣贤若有错，即改莫徘徊。"

唐太宗李世民任人唯贤，善于起用谏臣。谏臣是专门给皇帝挑毛病、进谏的大臣，魏徵就是他们中的代表人物。有一次，魏徵上朝时，跟唐太宗争得面红耳赤。唐太宗实在听不下去，想要发作，又怕在大臣面前丢了自己喜欢接受意见的好名声，只好勉强忍住。退朝后，他带着一肚子气回到内宫，见到长孙皇后，气冲冲地说："总有一天，我要杀死这个乡巴佬！"长孙皇后很少见太宗发这么大的火，就问："不知道陛下想杀哪一个？"唐太宗说："还不是那个魏徵！他总是当着大家的面侮辱我，叫我实在忍受不了！"长孙皇后听后，一声不吭，回到自己的内室，换了一套朝服，然后向唐太宗下拜。唐太宗惊奇地问道："你这是干什么？"长孙皇后说："我听说英明的天子才有正直的大臣，现在魏徵这样正直，正说明陛下英明，我怎么能不向陛下表示祝贺呢！"这番话像一盆清凉的水，把太宗满腔怒火浇灭了。第二天上朝时，唐太宗对魏徵大加赞赏，不但没治他的罪，还给了他赏赐。

正是因为有这样知人善任、虚心纳谏的天子，有以德服人、睿智勇敢的一代贤后，有犯颜直谏的一代忠臣，唐朝才在当时成为强大的国家。经济强大，文化也强大。

南非有着丰富的钻石资源，很早便遭到英殖民者的侵略。曼德拉领导自己的同胞不屈不挠地与殖民者进行非暴力斗争。经过几十年的斗争，他们终于把英殖民者赶走了，自己当家做主。

曼达拉一生多次入狱，一共坐了二十七年的牢。英殖民者被赶走后，人们将他选为总统。他一生为南非的独立与解放事业做出了重大贡献。当然了，人无完人，曼德拉也不是完人。南非人民为了纪念自己的解放事业，决定建造一个博物馆。命名为"曼德拉馆"的博物馆也在建造中。在这个纪念馆建设将要竣工时，请曼德拉前去参观。看完曼德拉领导南非人民进行解放事业的事迹后，曼德拉说："这里还缺一个馆。"大家面面相觑："怎么还缺一个馆？不是已经很圆满了吗？"曼德拉说："我的建议是，再建一个馆，这个馆专门讲曼德拉的过失、曼德拉的错误。不要让世人认为我是神，我是完美的。"接着，曼德拉坦陈道："我有四大错误，其中有一个就是，我对艾滋病管控重视程度不够，管控措施不力。我的一个孩子就死于艾滋病。另外，我还做过很多错事。比如说，我打过老婆、有过私生子。"最后，按照曼德拉的要求，人们又建了一个馆，名叫"曼德拉的错误"。为自己的错误建设博物馆，曼德拉的做法独一无二。

人的一生会犯无数的错误，但大多不愿意承认，更不愿意让别人知道，喜欢掩饰。但是，功德无量的曼德拉不一样。他敢于面对自己的问题，尤其是一些敏感话题，比如私生子。这就是他的伟大之处。

我们要向孔子、唐太宗、曼德拉等学习这种坦荡、勇于面对错误、敢于承认错误、不贰过的精神。我们应该让孩子从小就学会真诚。

华盛顿小的时候，他父亲买了一把锃光瓦亮的斧子。他觉得挺有趣儿，之前见过父亲在农场是如何干活儿的，便想试一试。于是，他照着自家的樱桃树一顿砍，把樱桃树砍断了。父亲回来后，火冒三丈，樱桃树好不容易长这么高，却被人砍断了。父亲问："谁干的？"华盛顿坦诚道："是我砍的。我觉得这把斧子挺有意思，就用它砍樱桃树试了试。"父亲一把将华盛顿搂进怀里："你是个好孩子，勇于承认错误，多少棵樱桃树都没有你这种勇于承认错误的品质珍贵。"

华盛顿的父亲是怎么对待孩子错误的？是怎么教育孩子的？我们的孩子为什么犯错后不认错？就是因为孩子一认错，我们就会批评他，甚至打他，孩子当然不敢认错了。孩子虚伪，或者不对大人说实话，常常源自家长带孩子的方式有问题。

孩子不想跟家长说实话，那是因为他一旦说实话，家长的回应常常让孩子烦恼，让孩子痛苦，甚至让孩子恐惧，时间久了，他就会说谎话，有错误也不敢承认，养成了爱掩饰、死赖账的习惯。这种性格的孩子将来交朋友、成家立业都会很有问题。因此，我们一定要以身作则，自己犯错后，要勇于认错。自己说过的话，没有兑现，那你就要勇于承认错误，马上改。比如说，你对孩子说："这一次，你如果考得好，我就给你买新衣服。"孩子如果真的考出了好成绩，这时你却食言了，孩子就会觉得我们不实诚，答应的事情没做到，时间久了，孩子就会有样学样，食言而肥。

一个孩子如果特别勇敢、真诚，敢于面对自己的错误，那肯定是源自家长给予他的支持是强大的。如果华盛顿的父亲打他一顿，华盛顿就会在心里想："以后，我再也不承认错误。因为承认了，就会挨揍。"但华盛顿的父亲没有这么做，而是原谅与包容。

他的做法为父子间创造了一个宽松、真诚的交流氛围。我们应该以华盛顿的父亲为榜样，在孩子犯错后，引导他，鼓励他知错就改，以后不再犯。

我们不但要知错能改，还要像颜回那样"不贰过"，同样的错误不犯第二次，像鲁迅一样，迟到一次就终身不再迟到，能做到这样，最好不过。可惜的是，我们大部分人都做不到。

一个勇于承认错误的人是非常可爱的。某些人或许觉得一承认错误，自己的面子、威望和形象就没了，实际上，不是这样的。子贡说："君子之过也，如日月之食焉：过也，人皆见之；更也，人皆仰之。"你勇于承认错误，那会像日月一样更加让人仰望。因此，真正的君子、圣贤都是坦坦荡荡的，错了就会承认，人们肯定愿意原谅他。

# 二十七、负责任

　　从日常的起居生活、工作，到为民族、为国家、为世界做一点事情，都要有负责任的精神。

　　我们的义工每天都愿意拿出时间为大家服务，不仅定时定点地发放学习材料，还要为发的资料负责，发出去之前都会将音频和视频点开听一听、看一看，看看能不能正常播放，事情只要接手了，就会全权负责到底。这些都是负责任的表现。"一屋不扫，何以扫天下！"一个人如果连一件小事都做不好，大家谁也不敢给他大事做。刘备临终前，把国家、把自己的妻儿老小都托付给了诸葛亮，就是因为诸葛亮负责任。因此，从做义工这种小事，到国家大事，人们都要有绝对负责任的态度和习惯。

　　从小养成负责任的好习惯很重要。一个不负责任的人，作为下属，上级不敢信任，作为上级，下属更不敢信任。有大志向当然重要，但是，做大事要从做小事开始。做每一件小事都要高度负责，比如说，我们和孩子的书桌，都要收拾得干干净净；起床、叠被子、做家务、锻炼身体、盛饭、刷碗、整理书包、做作业等，都要认真负责地做好。

现在，很多孩子喜欢推脱，认为这些事是爸爸妈妈应该做的。做作业，要父母看着。这是一种不孝。一个孝顺的孩子，最低限度就是不让父母操心，对老师布置的作业，应该自己负责任，做得清楚明白、井井有条。

在古代，孩子长到十岁后，要"易子而教"，也就是，把孩子放到私塾里，生活起居都要自理，不但要照顾好自己，还要洒扫庭除、应对进退。现在，有的家长喜欢"越俎代庖"、大包大揽，什么事都替孩子干，结果导致孩子从小就不负责任，作业做不完，却抱怨家长不提醒，抱怨老师不好。这样的孩子，将来能指望他干什么？工作能做好吗？能孝顺吗？能把家庭搞好吗？能把事业做好吗？答案可想而知。

有一次，孔子跟弟子们在陈蔡两个诸侯国的中间地带游学，正好吴国来攻打陈国，陈国求助于比较强大的楚国。楚国答应出兵援救。

后来，楚昭王听说孔子在附近，便下聘礼，以礼相待，请孔子前来跟他相见。孔子答应了。不料，这件事让陈国和蔡国的大臣们听说了，于是他们回去对各自的君主说，楚昭王要召见孔子，孔子对陈蔡两国的所作所为一直心怀不满，如果孔子把他们的丑事说出去了，楚王又相信了，那他们肯定没好果子吃。他们共同商定，不能让孔子见楚昭王，就派兵把孔子围在了荒野上。孔子和他的弟子们被绝粮七日。

这时候，很多弟子对孔子的学说失去了信心，觉得夫子作为一个圣贤，做得堂堂正正，怎么还会遭遇这样的不公？但是，孔子并没有抱怨，在挨饿的七天里，他照样讲学，朗诵诗歌，

负责任

弹琴。子路憋不住了，一脸怒气地找到孔子："君子也有穷途末路的时候吗？"孔子说："君子也有穷困的时候。但是君子穷困的时候，他不负于自己的志向，而小人穷困的时候，他就胡作非为，要么投降，要么去偷一点东西回来吃。"在周游列国的历程中，孔子遇见过各种各样的磨难，但他没有失节，没有失去志向。

美国有一个意大利的移民，名叫弗兰克。20 世纪初，美国的银行系统还不是特别发达，他办了一个小型银行，让大家来他这里储蓄、借贷。因为他的经营有方，又很讲诚信，所以他的银行生意很好。不幸的是，一天，银行里储蓄的钱被劫匪洗劫一空。按当时法律规定，这种意外被洗劫事件的受害者可以不承担赔偿责任。但是，他跟妻子和四个儿女达成一致：虽然在法律上他们可以不必承担责任，但在道义上，他们要为这件事负责，继续经营做其他生意，慢慢攒钱，还那些储户的钱。

弗兰克一家花了三十九年，终于把所有的钱都还上了。他的行为赢得了当地人，尤其是储户们的高度赞扬。他们用负责任的承诺践行了道义精神，令人敬佩。

孔子和弗兰克是负责任的榜样，他们勇于担当，不推脱。他们的格局、胸怀和态度，值得我们学习。

我们要早一点培养孩子负责的精神，让孩子对自己的起居生活负责到底。这样，他才能练就铮铮铁骨，练就一身浩然正气，为这个世界的和平勇于担当。

现在，很多孩子一出事，不是埋怨老师，就是埋怨同学，或者是埋怨爸妈，从不怪罪自己。作为家长，我们有为自己生命百分百负责任的态度，"行有不得，反求诸己"。我们不要总是抱怨外界，不要抱怨父母、兄弟姐妹、领导、同事，自己却什么责任都不承担。如果我们总是推脱责任，孩子就有样学样，将来必将一事无成，不会得到别人的赏识、信任和重用，也不会做出大业来。

我们以身作则，给孩子树立好榜样，孩子就会对自己的生命负责，就会自立。不然，他在家依赖父母，出门依赖别人，成家以后依赖对方，永远依赖下去，一生都不会有什么大作为。

# 二十八、控制情绪

对一个人来讲，控制情绪是一个终身要面对的问题。

一个能够战胜自己的人，一定是能够控制好情绪的人。成熟的人，都是越来越没脾气。脾气、情绪，是我们每个人都要面对和控制的。我们不妨扪心自问："现在我是否已经可以做到控制自己的情绪？"

孔子为什么那么受人欢迎？因为他能控制好自己的情绪，能够做到"温、良、恭、俭、让"。在生活中，大家总是比较烦脾气不好的人，总想远离这些人。为什么？因为他们的脾气太大，情绪太多，各种关系把握不好。有情绪的人，身体往往也不怎么好。因为怨、恨、恼、怒、烦会伤身，这些情绪是"人生五毒丸"。每一种负面情绪，都会伤害身体的某一个器官。大怒的时候，人的体内会产生一种强大的毒素。

与脾气坏、情绪大、反复无常的人打交道，感觉就像是生活在地狱中。因此，只有把自己的情绪控制好，我们才能给身边的世界带来祥和，才能教育好自己的孩子。

一个带着情绪做事的人，处理问题、处理事情、处理关系时，注定处理不好。"情生智隔。"一个人有情绪的时候，智慧就没有了。在情绪上来时，处理事情，通常会处理不好，弄得很糟糕，甚至不可收拾。生活中的很多重大过错，就是人们在情绪极度失控的情况下犯下的。怒火中烧的时候，人们会失去理智。

我们都可能发过无数次火，产生过无数次情绪。怨、恨、恼、怒、烦，一股脑涌上来。我们有时候很郁闷，有时候很悲伤，有时候很恐惧，有时候很抑郁，有时候很愤怒，有时候很嗔恨，有时候很嫉妒……各种各样的情绪。情绪有几十种，甚至几百种，笼罩着我们的一生，让我们不得自由，让我们伤己害人。

情绪一来，首先会伤害自己，然后伤害别人，伤害关系，伤害事业，伤害家庭，当然了，也伤害自己的修行。得抑郁症的人，就是情绪一开始没有处理好，负面情绪越来越多，最后演变成抑郁症，甚至走向自杀的境地。因此，我们要帮孩子从小养成理性、乐观、能够处理好自己情绪的成熟性格。这对孩子的一生意义重大。

拿破仑说："能够控制好自己情绪的人，比能拿下一座城池的将军更伟大。"可以这么说，我们战胜别人相对容易，但战胜自己非常难。儒家讲："内圣而外王。"先要内圣，战胜自己，然后才能修身齐家治国平天下。古今中外能够战胜自己、能够把情绪处理好的人，都是成功的人、成熟的人。

情绪失控会给我们带来什么？非洲草原有一个很有趣的现象：草原上生活着一种吸血蝙蝠。它们没有眼睛，通过声纳技术判断东西。这种蝙蝠非常厉害，专门吸野马的血。它们飞到野马的腿部，叮野马的腿。野马被叮后，会感到特别疼，就会跳起来，蹦高。但是，不管它怎么蹦高，吸血蝙蝠就是不松嘴。

最后，极度愤怒会让野马发疯，最终死掉。野马死掉后，大量的吸血蝙蝠蜂拥而至，一起吸食野马的血。

动物学家对这个现象进行了研究，最终发现：吸血蝙蝠每一次在野马腿上吸的血非常少，根本不会导致野马因失血过多而死。动物学家对野马的尸体进行了解剖，发现野马极度愤怒，有的因心脏病发作而死，有的因全身血管爆裂而死。动物学家由此得出一个结论：愤怒会导致情绪极度失衡，极端情况下会危及生命。

从上面这个案例，让我们知道外在的人、事、物只是助缘，我们内在的情绪才是关键。现实生活中，有不少人因过度愤怒，心脏病突然发作，甚至遭遇脑出血。因此，我们要警惕，过激的情绪会导致重大意外。

战国时期有一个学派，叫"杨朱学派"。杨朱学派的创始人叫杨朱，他有一个弟弟叫杨布。有一天，杨布外出，里面穿的是黑色衣服，外边穿的是白衣服，黑白搭配。可能是因为当天天气比较热，杨布就把外边的外套脱掉了，穿着黑色的衣服回来了。此时天色已晚，他回来时，他家的狗没有认出主人来，就朝主人嗷嗷叫。杨布非常地气愤："你怎么连主人都不认识了呢？"随后，杨布拿起棍子，就打那条狗。哥哥杨朱看见了，赶紧制止弟弟说："停一停。"杨布说："我凭什么停？我养它、喂它，我衣服一换，它就不认识我了，还朝我叫，我不得修理它一番啊！"

杨朱真是一位大学问家。他说："如果你家的狗出去了，出去时是只黑狗，回来时是只白狗，你会怎么处理？你是要这条狗呢？还是不要这条狗呢？你是留它呢？还是把它赶出去呢？作为人，你都判断不好这件事，何况狗呢？"杨朱这么一讲，杨布顿时消气了。

曾经有一人坐船在雾蒙蒙的海上航行。突然，他发现前面有一个障碍物，因为有亮光，他认为那个障碍物是一条船，便冲船夫喊道："赶紧躲开，赶紧躲开！"但船夫没有听他的，船"咣"的一声撞上了那个障碍物。那人掉入水中，爬到船上后，气呼呼地指责道："你是怎么开船的？"等再次仔细看时，发现那个障碍物根本不是一条船，而是一个灯塔，他的怒气一下子就消了。

我们很多的怒气，并不是来自对方，而是来自我们内心的判断，就像杨布对待自己的狗一样，以及那个行船落水的人。常常是我们内在的见解、思维、判断和妄想，导致我们的情绪失控。我们情绪起来的时候，不要怨天尤人；遇到事情不顺或者没有达到预期效果时，要懂得反躬自省，找自己的问题。

有个小男孩脾气特别大，总是生气。他爸爸是个农民，但很有智慧。一天，他跟男孩说："以后，你每生一次气，就到咱家后院的栅栏钉一个钉子，拿锤子使劲钉，发泄你的情绪。"小男孩说："好吧。"从此以后，小男孩只要生气，就拿起锤子和钉子，到后院栅栏上钉钉子。第一天，他钉了三十七个钉子，可见这个男孩有多爱生气。不过，他爸爸这招挺管用，小男孩越钉越少。

后来，在他情绪平稳的时候，他爸爸对他说："你准备发脾气、但能控制住自己的情绪时，你就把你钉的那些钉子拔下来一个。"小男孩觉得挺有意思，说："好。"从此以后，他一生气，就会想起爸爸的话，就想："我得忍住，战胜自己。"之后，他来到后院，拔下一个钉子。最后，小男孩把所有的钉子都拔了出来。

这时候，爸爸领着他，来到后院栅栏前。爸爸指着百孔千疮的栅栏，说："看见了吧，这些钉子虽然都被拔出来了，但由于你每一次生气都会伤害自己、伤害别人，这个栅栏上的孔却永远修复不了了。"男孩的爸爸用这种教育方式让他逐渐认识到了生气产生的强大破坏力。后来，男孩儿成为了一个很成熟、很成功的人。

随着我们智慧的增长，发脾气的次数会越来越少，频率减少，程度减轻，时间变短，我们也会变得越来越平和，越来越喜悦，越来越阳光。我们自己受益，我们身边的人也会觉得跟我们在一起很快乐。因此，一个能控制好情绪的人，会自利利他，能让自己快乐，也能让别人快乐。

孔子说："己所不欲,勿施于人。"（《论语·颜渊篇第十二章》）我们不想被别人这样对待，就不要这样对待别人。孔子还说："不患人之不己知，患不知人也。"（《论语·学而》）不要担忧别人不了解我们，我们要担忧自己不了解别人。孟子说："行由不得，反求诸己。"当我们发脾气的时候，我们要赶紧反思自己。

《道德经》强调"和"。自己要和，身心要和，心平气和，才能够与天地万物和。和就不争，不与天地万物、不与人争，真正的好汉是争气，而不是与人争名夺利。道家讲"无为"，不要让个人的情绪主导自己去处理问题，要顺势而为。

控制情绪

　　我们如何帮孩子养成控制情绪的好习惯呢？我们要先正己，再化人，做一个能够控制好情绪、处理好情绪的家长。有的家长经常有很多情绪，孩子就会受家长和家庭环境的伤害和影响，孩子也会是一个有情绪的人。情绪不好的外显就是攻击别人，内显就是攻击自己，就是抑郁。

　　如何控制情绪呢？情绪来的时候，我们不妨先不急着处理这件事情，而是先让自己产生觉照。"不怕念起，只怕觉迟。"情绪来了，就怕我们根本不反省，任由情绪爆发，然后带着情绪去处理事情，结果一定很糟糕。第一招，就是觉察出来。第二招，觉察出来后，我们要承认："我来情绪了。"这时候，不要急于处理问题，而是要保持沉默。"言语忍，忿自泯。"（《弟子规》）因为在有情绪的时候，无论是我们的言语，还是行为，都会伤人。因此，此时我们要保持沉默，慢慢释放情绪，像气球一样，慢慢地松，慢慢地放。在释放的过程中，千万不要采取行动，要继续保持沉默。

　　先是觉察自己的情绪，再慢慢释放情绪，接着开始重新思考。思考出现情绪的前因后果："我为什么来这个情绪？原因是什么？我为什么脾气这么大？我这几天为什么心情不好？"一旦思考明白了，就等于接受了这个事实。"原来，我这两天心情这么不好，是因为心有恐惧或焦虑，无形的焦虑不断叠加，焦虑到了极点，外在的事情一来，烦恼跟着来了，情绪也就上来了。原来，别人不过是"替罪羊"；别人不过是"出气筒"，别人不过是"导火索"。是我们自己的怒火一点就着。"

　　接受事实后，我们再开始处理问题。"先处理心情，再处理事情。"这是我经常跟我学生分享的模式。我们要永远记得，有智慧的人都是先处理好自己的情绪。在负面情绪的驱动下处理的事情，都很难处理得好，大多会处理得很糟糕，甚至一发而不可收。

孩子也会有诸多情绪，我们如何帮助孩子呢？孩子一旦出现情绪，我们该怎么办？当孩子出现情绪的时候，我们不要立刻指责、打压孩子，也不要说难听的、刺激他的话，我们应该"由果推因"，首先觉察："我的孩子为什么有这么大的情绪？"觉察之后，我们要跟孩子沟通，倾听孩子诉说他为什么会有这样的情绪，为什么脾气这么坏。倾听之后，要对孩子的情绪有一个理解。理解他情绪的存在，并不是认可他的行为，比如说，他一生气，把玻璃砸碎了，我们要理解他的情绪，但不认可他的行为。承认孩子情绪的存在时，我们要表达出对孩子情绪的感同身受："孩子，原来你这么难受啊！"建立同理心，然后，引导孩子讲一讲他为什么会这么愤怒。

"谏不入，悦复谏。"（《弟子规》）这句话不仅适用于子女对父母的劝谏，也适用于我们跟孩子的互动。这时候，家长要有一个态度，那就是在孩子有情绪的时候，恰恰是我们家长表达对孩子的爱、表达我们父母与孩子之间的亲密感的机会。如果我们在孩子最烦恼无助的时候，指责他，攻击他，孩子就会认为我们不爱他。他心情愉快的时候，我们去表达爱，他可能感受不那么深刻；当他感到烦恼、痛苦、无助的时候，我们应该保持理智，用爱去加深与孩子的感情。这是让亲子关系得到增进的机会。

　　表达完自己的情绪，做了充分交流后，我们要告诉孩子："你的情绪可以理解，但你的行为是不对的。你把玻璃打碎，很危险。这种行为，下不为例。"接下来，我们进一步指导孩子怎样调整、改善、控制自己的情绪。一点一点地指导他，他逐渐会认清自己为什么会有脾气、为什么情绪这么大。他就会慢慢地调整自己的心态，逐渐养成理性、成熟的性格。这个过程是一个考验我们智慧和耐心的过程，是先自利而后利他的过程。我们要先学会控制自己的情绪，同时帮孩子学会控制自己的情绪。甚至再提升一步，可以用"凡所有相，皆是虚妄"的教诲来起观照，控制情绪。希望大家都能抵达这种境界。

# 二十九、专注

自制力是"有所不为"，专注则是"有所为"。专注是我们想成就任何事业必须具备的品质。圣贤为什么能取得那么大的成就？很重要的一点就是他们把一生的专注力都集中在自己热爱的事业上。举例来说，玄奘大师去古印度取经，回国后用毕生的精力译经，成为中国佛教史上四大翻译家之一。他的成就源自他的专注。

我们如何培养孩子的专注力？这是个大学问。

"专注"实际上是要制心一处。《道德经》说："少则得，多则惑。"这句话是我们做事业、做学问取胜的法宝。我们做任何事情都要有高度的专注力。只有这样，我们才有可能取得成就。

百年企业"同仁堂"专注做中药，故而全国领先。做教育也一样，孔子、孟子一生都专注在教育事业上。

古往今来，大到治国理政，小到做具体的某件事，要想成功，都需要有高度的专注力。

孔子的学问在董仲舒的时代得到了发扬。得到皇帝重用的董仲舒，学问非常好。据说，董仲舒曾经有三年的时间，因专注读书，没有去观赏自家花园的花开花落。

伟大诗人屈原小时候特别爱学习，热爱诗歌。学习《诗经》时，他手不释卷、废寝忘食，家人常常强制他停下来休息，他便躲进山洞里苦读《诗经》，把《诗经》背了下来，从中汲取了很多智慧，打下坚实的文学基础，后来写出很多流传后世的伟大诗篇。

数学家陈景润研究哥德巴赫猜想，到了痴迷的程度。一天，他一边走路，一边思考，结果一头撞到了树上。他赶紧说："对不起，我撞到你了。"醒过神儿来后，他才发现自己撞到了树上。

一天，牛顿请朋友来家里做客。饭做好后，朋友还没有到，他便去实验室继续做研究。朋友来了后，看到饭菜已经摆在桌上，等了半天也不见牛顿，便自己先吃了，吃完就走了。牛顿做完研究，完全忘了请朋友吃饭这件事，来到客厅，一看桌上的饭菜好像有人吃过了，他便想，我已经吃过了，随后扭头回到实验室继续做研究。

爱迪生在自己的婚礼上，灵光一现想出了一个好点子，便立刻跑回自己的实验室，完全忘了自己正在结婚，一直研究到半夜才出来，婚礼不得不因此推迟。

古今中外成就大事业的人为什么都有如此高度的专注力？《大学》说："知止而后有定。"有非常坚定明确的目标，才能有定力。一个人之所以没有专注力，是因为他心中没有目标，就像在大海航行的船，没有灯塔给船长指明方向，他就不知道应该驶向哪里。

《大学》为我们指明了方向，那就是一个人能有所成就，是因为他有目标，知止，然后定、静、安、虑，最后能得。因此，我们在培养专注力之前，一定要先树立目标。比如说，如果我们读书的目标是志在圣贤，那我们就比较容易培养专注力。

"制心一处，无事不办，运用之妙，存乎一心。"长期目标、中期目标和短期目标，都需要"制心一处"。比如说，我们的终极目标是要修行获得解脱，那所有计划一定要奔这个目标，这是"制心一处"；比如，我的短期目标是一个小时后开始讲课，那我就做好准备，这也是"制心一处"。运用之妙，存乎一心，便有定力。

我有一位同学经常考第一名。我问他："你的学习诀窍是啥？"他说："上课的时候要百分百地集中精力，全神贯注地盯着老师，认真听课，过后认真复习。"有的同学，在老师讲课的时候，东瞅西看，不注意听讲，课后做作业的时候就抓瞎了，日积月累，便跟不上进度了。

学习的时候百分百地集中精力，制心一处，学习效率自然会大大提高。比如说，要学习某一本书或者某一篇文章的时候，我会全身心地研究这一本书或这篇文章。我写作也是如此，制心一处，安下心来，其他的事先不做，这样会写得比较快，写得比较好。

做任何事都需要我们在当下极其专心。比如说炒菜，什么火候放盐、放调料，怎么翻炒等，都要集中精力，如果东想西想，菜炒出来肯定不好吃。因此，做什么事都要制心一处。我们如何才能让孩子养成专注的习惯呢？"专注力"有先天的成分，也有后天培养的成分。

孩子小的时候，大家不要一下子给他买很多玩具，而是一个一个给他买。不然，他就会东拿西拿、东扔西扔，这种行为会让孩子的思维散乱，难以集中。教育要"慎于始"，点滴小事都要注意。在跟孩子沟通、交流、互动的时候，我们要集中精力，只跟他交流一件事，因为孩子集中注意力的时间比较短。

孩子有巨大的潜力，关键在于我们如何引导和培养。孩子大一点后，我们可以给他讲两三分钟的故事；再大一点后，可以让他复述故事，因为讲故事必须得思考、要记忆，这些可以训练他的专注力；再过段时间，就让他讲长一点的故事，或者读诵经典，鼓励他逐字逐句地用手指着读，鼓励他："今天又多读了几句、多读了几分钟。"培养他坐得住的定力。孩子做某件事时，比如说叠被子，我们要陪伴他，指导他，鼓励他，最后鼓励他把被子叠成"豆腐块儿"。在做家务的过程中，他就会有所体会：原来只要专注、有耐心，就能把事情做好，还能得到爸妈的鼓励。这样，孩子的专注力一点一点地就培养起来了。

一个人有专注力时，他的潜能会被开发出来，他会有成就感，也会更愿意去做事情。有了这样的内心基础，他会觉得小事都能做成功，做大事也一样，他就会有自信。

一个人的专注力和毅力是相辅相成的。坐得住，定得下来，都是成就大事的品行。有人一生做的事业，抵过普通人几生，甚至几十生的成就，这就是因为他有高度的专注力。因此，在这一点上，家长要有耐心，要陪伴孩子，从一点一滴的小事上做起，耐心地培养孩子的专注力。

专注

我们可以给要做的事情定一个"神圣时间"。什么叫神圣时间？就是做事的时间神圣不可侵犯。比如说，我要准备写作，得尊重别人，提前告诉家人和身边的人："我九点到下午五点要写东西，没有特殊情况，请不要打扰我。"又比如说，我要做某一件大事，那我就要告诉身边的人："我这一两个月要专心做事，请不要打扰我。"一天当中，某一个时段，我要学习，我会告诉大家我这个时段只做这一件事情，这就是"神圣时间"。

在纳粹统治期间，德国作家托马斯·曼因反对纳粹的政策而被迫害，在世界各地流亡。但是，托马斯·曼并没有因此放弃自己的创作。在他流亡的那十六年间，他创作了三部长篇小说。后来，有人采访他："您在流亡的时候，怎么还能有时间写出这些大部头呢？"托马斯·曼回答说："我每一天都会抽出时间来，比如说两个小时，集中精力搞创作。"

我们或孩子学习时，最好将环境打理整齐，手机、电脑、各种各样的玩具和不相关的书籍全都收起来，眼前只摆放用得着的书，且保证学习期间不被打扰。

一旦确定"神圣时间"，我们就要提前做好准备，房间是安静的，手机等放在一边。要做好心理准备，要有仪式感，我现在要学习了，要写作了，需要几个小时。同时，也要做好身体准备，一定要选自己精力最旺盛、体力最好的时候。再者，还要做好物质准备，要把需要的东西都提前备好，不分散精力和时间。

制心一处时，我们的能量无比强大，就像凹透镜聚焦在干柴上，可以将干柴点着。如果拿个镜子到处晃，不聚焦，便永远点不着火。因此，一个人如果能把自己的专注力、定力培养出来，那他做什么事都会事半功倍。

要培养孩子的专注力，我们自己首先要变成有专注力的人，要跟孩子多互动，引导、鼓励孩子安下心来、专注在当下所做的事情上。

现在的很多人，心都难以安下来，看手机，听音乐，看似可以同时干很多事，其实做事的效率、质量都不高。一天就那么晃晃悠悠地过去了，一生也没什么大成就。

# 三十、坚持

　　把专注拓展开来，就是坚持，专注是一个点、一个短暂的时光，坚持则需要一个人对某件事情保持比较长时间的专注。专注是一个人的能力，是有高度的注意力、做事能聚焦的能力；坚持是一种品质，说明这个人有毅力。

　　在生活中，能够长期坚持做某件事的人非常少。故而，成功学上有一句话叫"成功的路上不拥挤"。为什么？因为绝大多数人都不能坚持做某件事。一个人的成功，需要努力，更需要坚持。

　　任何成功都需要坚持。我们如果想在某个领域取得成功，就要做好三两年不能成功的准备。杰出的成就来自长久地坚持。哈佛大学有句名言："如果你只是想取得一个小成功，那么学校五周年聚会你不要参加，因为五年的时间里，你们还分不出高下；如果你想取得比较大的成功，那十周年聚会你也不要参加，因为你可能还处于孕育成长的阶段；如果你想取得一个很大的成功，那二十周年聚会你也不要参加，因为那个时候可能你正是在成功的路上坚持。"哈佛大学的这句名言告诉我们，想要取得成功，我们要付出毕生的努力。

孔子一边求学，一边教学，还曾周游列国十多年。三十岁到终老，四十多年的时间里，一直坚持这么做，方才取得那么大的成就。孟子也是如此。

孟子也周游列国。为了实现自己的理想抱负，孟子用了十八年的时间，在各诸侯国宣讲自己的政治主张。孟子处处碰壁，但他从没放弃。六十岁的时候，他回到故乡，继续学习，发扬光大了儒家思想，成为一代大思想家。

从圣人们的事例中，我们可以得到以下启示：一项真正有意义的事业，它是终生的，只做一两年或两三年，不可能成功。因此，我们要为自己的理想坚持一辈子。

荀子说："锲而舍之，朽木不折。锲而不舍，金石可镂。"（《荀子·劝学篇》）不能坚持到底，即使是朽木也不能折断。只要坚持不停地用刀刻，就算是金属玉石也可以雕出花饰。寓意是做事情要持之以恒，不轻言放弃。

南宋词人张孝祥说："立志欲坚不欲锐，成功在久不在速。"意思是说，我们树立志向在于坚持，不在于锋芒毕露。成功不在于快速，而在于持久。

清代诗人袁枚说："莫嫌海角天涯远，但肯摇鞭有到时。"意思是说，不要嫌海角天涯有多远，只要你肯策马扬鞭总有一天会赶到。

这些名人的诗词、警句无不劝诫我们立下志向后要长久地坚持，要百折不挠。这种毅力和品质，是我们成就任何大业都必须具备的。

对于坚持，我要强调的一点是，我们要坚持正确的道路。

如果是正确的道路，那这份坚持就是一种执着了。对错误道路的坚持则是一种愚痴、无明。

一天，苏格拉底给学生们留了一个作业："你们锻炼身体，每天甩手一百下。到时候，我要检查。"一周后，苏格拉底问自己的那些学生："谁还在坚持甩手？"学生们纷纷举手。苏格拉底一看，大概百分之九十的人在坚持。一个月后，只有一半的学生在坚持。一年后，全班的同学只有一个人还在坚持，那个人就是柏拉图。为什么柏拉图取得那么大的成就？为什么能成为苏格拉底最好的学生？因为他有毅力，有尊师重道的思想，能够做到依教奉行。

生活中有很多值得坚持的事情，我们却常常不能坚持。比如说，锻炼身体、早睡早起、孝顺父母、读书学习、做功课等，这些事值得我们去坚持做，也很有意义，但我们中有几个人能坚持不懈地做？如果这些小事我们都坚持不了，可想而知，大事我们就更坚持不了。

西汉史学家司马迁刚直不阿，不幸遭遇李陵之祸。司马迁下狱，并判处宫刑。司马迁从史官一下子变成了囚犯，还遭受了宫刑之辱。他的内心非常痛苦，但他没有被耻辱、磨难、痛苦打倒，反倒用了十三年的时间，写成了名垂千古的《史记》。

京剧中有《苏武牧羊》的曲目。中郎将苏武奉汉武帝之命出使西域，进行外交活动，但领兵不多。匈奴首领单于非常凶狠蛮横，竟然把苏武囚禁了起来。之后，派汉朝叛将卫律，去劝降苏武。苏武痛骂了卫律一顿。见苏武威武不屈，单于就把他囚禁在地窖里，不给吃喝，百般折磨他，但苏武依然不屈不挠。

坚持

后来，匈奴单于把苏武发配到很远的地方，当时叫北海，即现在俄罗斯境内的贝加尔湖。那里是苦寒之地。同时，单于还停止了食物供应。苏武就在极其恶劣的条件下，生活、放羊。苏武一直抱着使节，不忘自己的使命，在这个地方放了十九年的羊。后来，匈奴的单于去世了，汉武帝也去世了，新单于执行与汉朝和好的政策，汉昭帝于是派使臣把苏武接回了自己的国家。

苏武对自己心中理想的坚持，对祖国的忠贞不渝，这种即使受到侮辱、受尽磨难依然不改气节的精神，非常值得我们学习。

我们做事情，比如说学习，一定要长久地坚持，要坚持一辈子，要"活到老学到老"。如果我们做功课时，几天就放弃了，做义工做一段时间也放弃了，那我们这一生能做好什么？

我很钦佩爱迪生。他小时候太穷了，只读了三年的书。长大后，酷爱搞实验。有一次，他跑到火车上做实验。在实验过程中，实验品不小心掉到了地上，着火了。车长打了他一顿耳光，把爱迪生的一只耳朵扇聋了。爱迪生不幸变成了半残疾。但是，他没有放弃自己心中的理想，没有放弃科学实验。他经历了数千次的失败，才成功发明出灯泡；失败了数万次，才成功发明出蓄电池。换成我们，可能失败几次或者十几次，我们就放弃了。因此，无论是治学，还是做某项事业，都需要坚持不懈的品质。

柏拉图说："耐心是一切聪明才智的基础。"我们不要奢求三两天就有结果，或者说三两年就能取得成功。如果我们如此奢求，就很容易因这个妄想跌入陷阱。成功需要点点滴滴的、长期的，甚至百折不挠的坚持与努力。

我们要做孩子的榜样，不能做什么事情都三天打鱼两天晒网，轻言放弃。如果我们树立的是坏样子，让孩子早起，自己却连两三天都坚持不了；让孩子好好学习，自己学两天就不学了，孩子如何才能信服我们呢？怎么才能帮孩子培养坚持不懈的品质？

比如说早起，一旦规定六点起床，就要督促遵守规定，我们要么早点起来，要么定个闹钟，早一点准备好了，然后把他叫起来，时间久了，孩子也许会比我们早起。养成坚持的好习惯后，他会推此及彼，做其他事也能坚持不懈。比如说早起锻炼会身体健康、精力更充足，他就会觉得很好，做别的事情也会坚持不懈。

好习惯需要长久地坚持，一件事情做几天不叫习惯，终生做才叫习惯。长久坚持，最后我们能收获什么？收获福报，惜福积福。家长热爱学习，孩子也会热爱学习，我们比他学得更起劲儿，时间一长，孩子就会想，爸妈都在学习，那我也要学习。

这样，他就能够静得下来。如果在孩子学习时，我们却在看抖音、看电视、打电话，那孩子的心怎么可能定得下来？

所以，我们要做好榜样，陪伴孩子要有恒心。对治烦恼，我们需要有很大的毅力，只有一条一条、一样一样地长久坚持下去，我们才能养成好习惯。

一旦养成坚持不懈的习惯，那我们做什么事情都不在话下。

做事情，就看谁能坚持到最后，大部分人都是半途而废。实在可惜、可叹。一次，我们二三十人去爬华山，大部分人都是半路就放弃了。最后，只有我和另一个人爬到了山顶。所以说，成功的路上不拥挤。

　　只要我们选择的路是对的，方向是正确的，那我们要做的就是坚持。任何领域的佼佼者都是最能坚持的人。希望大家能够养成坚持不懈的品质，并有耐心引导孩子也养成坚持不懈的品质。

# 三十一、勇于尝试

无论是求学问，还是修行、做事业，我们都要勇于尝试，人生的成功起点在于尝试。"舜何人也，予何人也；有为者亦若是。"（《孟子·滕文公上》）我们跟圣贤人的自性没有丝毫差别，只要能够循道而为、勇于尝试，皆可成圣成贤。俗话也说："自古成功在于尝试。"因为凡人难以生而知之，我们的修学、一生的成长，都是从尝试开始的。

我小时候很听话，也很愿意干活，因此在父母眼里，我是一个懂事、听话、勤劳的孩子。我有个哥哥，比我大两岁，家里的很多事情，都由哥哥做。因为我小，出头做事情相对比较少。哥哥敢于出头，去跟人交往，去替父母做一些事情，而我只干活，不太敢出头。人就是这样，不出头，不去尝试，就永远没有勇气。我做事情，干活很拿手，出了很多力，但要是让我出头，去跟人交往、说话、办事，就觉得很头疼。

很多孩子小时候都是这样，可能一直到老，他都胆小怕事不愿意出头，只愿意做某件具体的、自己能够做好的事，那他这一生可能也就这样了。

因为哥哥不可能时时都在，后来父母遇见一些事，也让我去做。我当时挺小，跟人说话，一个人去面对事情时，很头疼，浑身不自在，头皮发麻，特打怵。但是，尝试了几次后，我多少能把事做好了。当然了，前几次做得不太好。不过，一次一次积累起来的经验，让我有了信心，开始愿意出头办事。后来，我们家里的大事小情，多数都由我操心。因此，在十岁到二十多岁的时候，我已经练就了与人打交道、处理事情、安排事情的能力。家族婚丧嫁娶这些大事，我也敢于亲自去操办。

我小时候的这段经历，依然历历在目。小时候，我从农村来到小城市，顿时茫然无措，连过马路都不敢过。随着自己出外求学、旅游、做事业，我再也不需要父母为我操心了，完全独立了。我自己闯世界，父母很放心。

相信有很多人的经历与我相似：从一个农村来的、没有见识的孩子，逐渐有了见识，有了各种各样的能力。这一路的成长，我非常感谢父母，他们没有在我做错事情时劈头盖脸地批评我，打击我，而是一直鼓励我，让我树立起了信心，逐渐积累了丰富的经验。这些为我后来自己做事业，奠定了基础，培养了好心态。

我们做任何事情都不可能一上来就很有经验，都是从尝试开始的。同时，在尝试的过程中遭遇各种各样的失败，这都在所难免，就像爱迪生一样，他失败过无数次。身边的人如果打击我们、一次次否定我们，那我们很有可能不再敢做任何事情。

王阳明先生很有学问，最近社会上掀起了一股"王阳明热"，他的"致良知"学说，得到了社会广泛的认同。王阳明先生曾屡次考试失败，年纪很大后才考上进士，一生做过很多官。他

勇于尝试

担任南赣军务都御史时，宁王朱宸濠在南昌发动叛乱。朱宸濠手下有十万大军，一路攻占南康、九江，并打到了安庆。安庆是南京的一大门户。这个时候，王阳明手下没有什么兵。情况非常紧急，王阳明没有时间请示朝廷，就凭自己的心学、心法，集结了一万人，对抗朱宸濠的十万大军。王阳明利用各种各样的心法，使用反间计、空城计，与朱宸濠在安庆周旋。

同时，王阳明直捣朱宸濠的老巢南昌。宁王一听说自己的老巢要被人端了，赶紧回兵。在鄱阳湖一带，朱宸濠遭遇王阳明的伏兵，最终被俘。从自己没有一兵一卒，到迅速地召集起地方武装，最后成功俘虏朱宸濠，王阳明胆略非凡。这一仗也成为中国历史上以少胜多的著名战役。有人问王阳明："你为什么能够以少胜多？"他说："这取决于谁的心不动。"也就是说，要以静制动，心不动就会有智慧。不动就是戒、定，会产生智慧。

《论语》中说："智者不惑，仁者不忧，勇者不惧。"一个真正有勇气的人，是不害怕的。为了朝廷，为了天下黎民百姓，王阳明做到了"勇者不惧"。这也说明他忠君爱民，因此才会有与叛军进行斗争的浩然之气。《道德经》中说："慈故能勇。"勇气来自哪里？来自内心的慈悲。

生活中，我们有时做一点小事都没有勇气坚持，就轻言放弃。为什么成功的路上不拥挤？就是因为我们遇见点儿困难就放弃。我们要向王阳明学习，要勇于尝试。

电影演员史泰龙患有面肌痉挛，面部僵硬，不会笑。

年轻时，他觉得当演员特别帅，就自己写了个剧本。之后，他想找电影公司投资，自己演男主角。于是，他收集了五百多家电影公司的地址。之后，他一一登门拜访，推销他的电影剧本，也推销自己。他当时没名气，没有一家电影公司愿意采用他的剧本，也不想雇用他当演员。

史泰龙非常伤心，回去后下定决心对剧本进行修改，之后鼓起勇气进行了第二轮推销。还是那500家电影公司，都不愿意采用他的剧本，也不想雇用他当演员。史泰龙没有放弃，重整旗鼓，又来了一轮。最后的结果仍然如此，所有人都将他拒之门外。有的直接拒绝，有的嘲笑他。三轮下来，他被拒绝了一千五百次。他的亲人劝他放弃，但史泰龙依然坚持自己的梦想。

史泰龙说："那我就再来一轮，如果这一轮大家依然不录用我，那我就彻底放弃。"就这样，史泰龙开始了第四轮尝试。苍天不负有心人，拜访第三百五十家电影公司的时候——这已经是他的第一千八百五十次的尝试了——他被一家小电影公司老板接受了。老板说："这个小伙子真是有耐心，我一次次地推掉他的剧本，但他就是不死心。"老板把剧本要过来，看后觉得确实不错，便决定给史泰龙一次机会，准备用他的剧本进行拍摄，也准备用他当男主角。名为《洛奇》的电影公映后，一炮打响，史泰龙一举成名。从那以后，史泰龙声名鹊起，成为非常有名气的演员。

史泰龙之所以会取得成功，原因在于他在一千八百多次推销自己和电影剧本的过程中没有放弃。换成我们，恐怕早就放弃了，不要说一千八百多次，八次、十次，顶多八十次，我们就放弃了。因此，做任何大事业，都需要勇气。没有勇气，哪怕做一件小事，我们也很难成功，因为我们轻易地会被内心的怯懦吓退，不敢再做尝试。

西奥多·罗斯福说过一句非常有意思的话："失败固然痛苦，但更糟糕的是从未去尝试。"尝试可能会失败，失败也确实痛苦，但更糟糕的是，我们从未去尝试过。

自"大爱"成立以来，在一路尝试的过程中，比如说去地震灾区，我也要面对抉择，并非想去就去，因为要面对余震的问题。

余震也会危及生命。另外还要面对震后疫情。往灾区运送物资时，要面临道路塌方、滚石等危险，所以处处都要有勇于尝试的精神。

扶贫、助学等公益活动，早期我会亲自考察。很多公益事业并不是我们天生就会做，都需要我们亲自去尝试，一次一次地尝试，失败的时候，要赶紧总结经验教训。

成功，来自勇气。勇气从哪里来？当我们内心没有那么多自我诉求时，当我们心中无我而利他的时候，我们就会有更多勇气去做事了。当然了，我要强调一下，有勇气去尝试也是有前提的。前提是什么？我们有正知正见，做的任何事情都是不违法的。有的人很敢做，但他们要么直接做违法的事，要么游走在法律的边缘，这些我们是坚决反对的。勇于尝试，并不等于什么事都敢做，连违法的事情都敢做。

无论是在做事业、求学，还是修行，只要与自性相应、符合道的，我们要有勇气去做尝试。

我们之所以没有自信、没有勇气，什么事情都不敢尝试，是因为我们不相信自己的本性本自具足。我们的生命有着无限可能性，因为我们自性是圆满的，我们的生命什么都不缺，跟圣人完全一样，"人人皆可为尧舜，人人皆能成圣贤"。这一点我们要明白，要有这种见地与认识。

其实，没有什么是不可能的，我们要把"不可能"变成"不，可能"！我一定要去做，就一定能把它做成。

在培养孩子的问题上，我们一定要从小事做起。我们要陪伴孩子，让他在安全的范围内尝试。比如说，让他在马路边、悬崖边玩儿，就很危险。我们要在安全的范围内，把握好度，鼓励孩子亲自尝试，他如果没有成功，我们就引导、帮助他一下，但不要包办。

父亲对我的引导，让我印象深刻。做任何事情，他都用示范、引导的方式，比如如何趟地、如何种地，他都是先做给我看，然后让我去尝试。做不好，他帮我改一改；一旦发现我做好了，父亲就将这件事全交给我。

对孩子，我们也要这样做。比如说，当积木堆不好时，我们就帮他堆一下，帮他垒一下，一点一点引导他，他稍有进步，就鼓励他。一定是要让孩子亲自做，让他感受到成就感和喜悦感。

大成功来自于小成功，没有人一开始就有那么大的信心，都是从一点一滴的生活中、从小事儿中累积起来的自信。一上来就干出惊天伟业，那是不可能的。我们要有足够的耐心去引领、去陪伴、去指导、去鼓励孩子，他就会变得越来越自信。

当孩子自己亲手做成一件事，他就无比欢喜，更有自信心。

要是我们替他把玩具弄好，孩子就会没有成就感，只会产生挫败感，他会觉得爸爸妈妈会弄，我却不会弄，我真笨。那么，我们就是在做无用功。

我们可以示范给他看，让他学着做，不能说他笨。我们自己小时候也不一定很聪明，千万别把孩子的勇气、自信心、勇于尝试的精神在他小时候就扼杀掉了。

爱迪生和爱因斯坦小时候都不是属于聪明的孩子。他们的父母鼓励他、陪伴他、引导他，一点一点让他们有了自信。孩子一次次体验，通过大人的引导和自己的摸索，最终成功了，他就会变得有自信。再去做别的事情，他就能举一反三。

很多得抑郁症的人是因为他们觉得自己做什么都不行，什么都做不成，与人交往也不行，跟人说话也不行，最后只能躲在自己的屋子里，甚至不再跟父母交流。他们的内心脆弱，遇见挫折，赶紧躲起来，最终变得郁郁寡欢。内心坚强、心胸宽广的人，很难抑郁。

作为家长，我们要有足够的耐心，也要有智慧。孩子如果不敢做事，那我们就陪伴他，让他做一件比较容易成功的事，既不是很简单，也不是太难，陪伴他，让他做，慢慢培养他的自信。比如说，我们不能给孩子一个相当复杂的玩具，让他去弄，这样反而会无益于孩子自信心的建立；太简单了，也没有意义，他会觉得这么简单，傻瓜都能会，也产生不了自信。

一个人做事的历程通常是这样的：做一件事情，从感到很为难；到有勇气去尝试，在尝试的过程中，不断经历小失败；在别人的鼓励下，他改进方式方法，再次尝试，最后取得成功。

这个过程，对一个人的影响太大了。在一次次体验中，他的内心会慢慢地变得强大起来。一旦这件事儿他做成功了，其他事也能做成功。

希望我们每一个人都有勇气面对自己的生命，面对自己生命中出现的诸多问题，去解决、去尝试。别人能成功，我们也能成功。同时，我们也要有耐心，陪伴孩子尝试他生命中应该尝试的事情，帮助孩子建立自信。

# 三十二、不拖延

　　人人都可能会犯的一个毛病是拖延。拖延症虽然不是一个多么大的毛病，但在人群中占的比例非常高。

　　我曾经也有做事拖拉的毛病，导致事到临头非常尴尬，甚至导致一些事情处理得很不好，痛定思痛，后来，我发现早一点处理事情，效果会很好，便逐渐改变了这个坏习惯。

　　凡是我们喜欢做的事情，普遍都会立马去做，做成之后，内心会很欢喜。内心不喜欢的事、给我们压力的事，会感到头疼，不愿意去做，使劲往后拖。这是什么原因？根本原因是，我们不自信，自我的认同度底。浅层次原因是，难办的事会让我们遭受挫折，给内心留下阴影和创伤。因此，我们都愿意做轻松的事。

　　人都是趋利避害、趋乐避苦的。如果某件事能给我们带来快乐，我们就愿意去做；如果某件事给我们带来痛苦，我们就不想去做。很多事情拖着做，就是因为我们害怕到最后，它会给自己带来挫折、阻力、压力。这是拖延症内在的心理原因。

　　当然了，有一些不那么严重的事情，比如说叠被子，不叠也不会产生心理创伤，但我们就是不做，这又是为什么呢？这就是因为我们还没有形成习惯。写生字这种没有太大压力的事，有的孩子也拖延，就是因为家长没有帮他养成负责、自律的好习惯。究其原因，家长常常代替他做事，没有让他觉得做事情是我的责任，他便觉得这些事情应该由妈妈做、保姆做、哥哥姐姐做。

如果让一个特别不好管理的孩子当纪律委员，他很有可能会变得负责起来。因为他要做榜样，所以他就能处处做好。当一个孩子没有完全负责任的态度和完全自立的精神，想让他把事情做得很快，那是不可能的。孩子喜欢的事，他就会自觉地去做，变成"我应该做"，就不一样了，就有责任感了。这样，他做事就不会拖拉了。一个真正成熟的人，不但做自己喜欢的事，还会做自己应该做的事。就像一个妈妈，她可能不是多么喜欢买菜、做饭，但出于责任，她必须做。

我们需要了解做什么样的事情适合稍慢，做什么样的事情适合稍快。当我们面临重大抉择的时候，或者做人生规划的时候，我们一般需要慢，需要"三思而后行"。因为一旦抉择错了，那就无可挽回，变成"主将无能，累死三军"。

"选择大于努力。"这个时候为什么需要慢？因为我们做抉择的时候，第一念常常是妄想，很难是正知正见，容易受到外界刺激而失去理智。为什么有的人十几年挣了几千万，突然一个投资失误就全没了？就是因为做投资决定的时候，他不冷静，全是妄想，没有用理智去观想。我们做重大抉择的时候，宜慢不宜快。

什么时候应该及早不及晚？当经过深思熟虑已经做出决定

的时候，我们的行动一定要及早不及晚。只要这件事是对的，方向对了，或者目标已经有了，我们越早行动越好。比如说，你决定一年后召开一次重大会议，那现在就要开始筹建组委会，越早越好，不能等到最后半个月再做，那一定做不好。

必须要做的事情，要及早不及晚。比如说出差，几点的航班，几点的车，都要提早做准备，提前三四个小时，不能往后拖，拖的结局是要么赶不上飞机或火车，要么是"一路狂奔"。我有过在机场"跑断肠"的尴尬经历，那真是紧赶慢赶，从那以后我宁可在机场里悠哉悠哉地候机，也不要"跑断肠"，何苦呢？又比如说，我们已经决定一个月后出远门，那现在就订航班机票，价格会很便宜，打三折、两折，甚至一折，订好后自己也心安。航班机票订好了，酒店订好了，至少便宜一半，我们可以从容不迫。但是，很多人不这么做，都喜欢往后拖，拖到实在不行了才去做。结果，要么是要订的机票没了，要么就是全价，要么余票很少，还得抢票，何苦呢？有智慧的人做事都是早一点安排妥当。像《三国演义》中的诸葛亮一样，锦囊妙计一个个提前安排好了，然后就可以气定神闲地拿着羽扇纶巾。"事勿忙，忙多错。"（《弟子规》）我们要做有智慧的人，不做那种匆匆忙忙的人。时间都非常有限，拖来拖去，这一生就拖没了。

孔子说："逝者如斯夫，不舍昼夜。"（《论语·子罕》）意思是说，时间就像流水一样，日夜奔流，不会为你而停留。庄子也说过："人生于天地之间，若白驹之过隙，忽然而已。"（《庄子·外篇·知北游》）人生短暂，就像白色骏马缝隙越过一道缝隙，唰一下就过去了，"忽然而已"，瞬间而过罢了，形容时间过得极快。我们的时间都很有限，为什么奥运会要提前多年开始筹备？因为不能等，等到最后就是脏、乱、差，一定是忙忙乱乱的，事情肯定做不好。明朝诗人钱福写的《明日歌》，我非常喜欢。他告诫我们要惜时、要勤奋。希望大家能够把它背下来。

### 《明日歌》

明日复明日，明日何其多。

我生待明日，万事成蹉跎。

世人若被明日累，春去秋来老将至。

朝看水东流，暮看日西坠。

百年明日能几何？请君听我明日歌。

明日复明日，明日何其多！

日日待明日，万事成蹉跎。

世人皆被明日累，明日无穷老将至。

晨昏滚滚水东流，今古悠悠日西坠。

百年明日能几何？请君听我明日歌。

我们如果什么事情都等着明天去做，日日复明日，最后什么也干不成。

比尔·盖茨先生一生做了很多事情。他说："很多人喜欢拖延，他们对手里的事情不是做不好，而是不去做，这是最大的恶习。"我觉得他说出了真谛，很多事情，人们不是做不好，而是不去做。

母亲常教导我说："眼是懒汉，手是好汉。"意思就是眼睛会感觉这事情挺难、挺费事，亲手去做就会发现其实没有那么难。小时候，我种地除草，看到那么大一片地，那么长一垄，那么多草，心里就犯愁："什么时候薅完啊？"那时候，我还是小孩，内心还想着玩儿，让我干这么多活儿，就很打怵。真正干起来后，感觉就不是这样了，脑子里不再想玩儿，把自己的心定在眼前的事上，动起手来后便发现没那么难。

法国大作家、哲学家伏尔泰说过一句很有趣的话："使人疲惫的不是远方的高山，而是鞋里的一粒沙子。"当我们跋涉远行时，并不惧怕前方的路程有多遥远，可怕的是，如果我们的鞋子里有一粒沙子，它就可以磨烂双脚，阻挡前进的步伐，让我们越走越累。实际这是一个非常形象的比喻。即便是面对一件很重要、很难做的大事，但我们只要认真去做，就能把它做好。为什么没做好？就是因为我们内心怯懦，怯懦就像那粒沙子，让我们感觉这件事难，让我们纠结这件事，结果内耗了自己的能量。这样怎么可能把事情做好呢？大多数人，不是被事情吓到，而是内心怯懦，怕自己做不好，自己内耗、纠结，结果把能量全耗没了。

孔子创建了儒家思想，官也做得很好，周游列国宣传自己的政治主张，办私学，三千弟子，晚年删述六经，整理完后有的还加以注解。孔子一生为什么能完成那么多事情？就是因为孔子做事勤奋，做什么事情都不拖延，不往后推，年轻时就这样，是一个执行力非常强的人。雍正皇帝的执行力了不得，在位十三年，却批了四万多卷奏折，不仅仅是看，还要朱批，详细表达自己对这个奏折的看法和处理意见。孔子和雍正都是勤

不拖延

奋的典范。

当然了，有的名人也喜欢拖延。据说，达·芬奇就有比较强的拖延症。达·芬奇的代表作叫《蒙娜丽莎》。当时，一位很有钱的商人佐贡多想为自己年轻貌美的妻子画一幅画像，请了一些人画，但都没画好。后来，他找到很有名气的达·芬奇，用高额薪酬跟达·芬奇签下合约。签约后，达·芬奇便开始给商人的妻子画像。达·芬奇做事喜欢拖延，画了几笔就放到一边了，迟迟画不好。后来，佐贡多实在受不了，几次催促达·芬奇，但毫无效果。他很生气，就威胁要状告达·芬奇。没办法，达·芬奇硬着头皮把《蒙娜丽莎》画了出来。

如何根治拖延症呢？用快速的行动。心理学有一句话："行动是治愈恐惧的良药，而犹豫拖延将不断地滋养恐惧。"一个人越拖延，就会越滋养恐惧。事情本来一两天就可以结束，但如果我们迟迟不行动，在这个过程中我们会不断增长恐惧。

我们如何避免患上拖延症？

第一个改善拖延症的方法是"前紧后松"。比如说，一个月后，我们要召开一次大会，那我们现在就开始做筹备，前半个月要是做好了，后半个月就可以非常轻松地查漏补缺，把细节做得更精致、更到位、更精彩。如果前半个月拖延，那后半个月就会越赶越紧张，事情容易做不好。迟早都要做的事情，何不把它挪到前面去做呢？前面的工作安排得越紧凑越好，后面就会从容不迫，胜似闲庭漫步。

在学生时代，我用的就是这个策略。学习前期特别用功，后期要考试时反倒松了，因为我已经准备充分，后半个月的任务就是减压，考试的时候反而能考好。大家一定要记住：大事情、必须要做的事情，一定要前紧后松。提前都做好，后面就轻松了，这叫科学统筹。

第二个改善拖延症的方法是"分清主次"。我们这个月如果有一堆事情要做，那就要分清主次。分清主次有两个因素：一个因素是紧急程度；另一个因素是重要程度。这两个因素交互起来衡量，可以进行排序：紧急又重要的事，重要但不紧急的事，紧急但不重要的事，不紧急又不重要的事。我们按照顺序，有条不紊地一一完成。比如说，一个月后有一个大型考试，这件事对你来说，很紧急又重要，那这个月你就要全力去做准备应考这件事，其他的事情就可以放一放。一个月后有个大型会议，你负责主办，那它肯定也是紧急又重要的事。再比如说，有件事很重要，但要十年后再做，那它就是重要但不紧急的事，那这件事情就可以稍微晚一点做。还有紧急但不重要的事，比如说与朋友约好一起吃晚饭、聊天，就属于紧急但不重要的事。最后一种情况是不紧急又不重要的事，比如说看电视剧，可看可不看。

第三个改善拖延症的方法是"大事化小"。比如说，有一个重大的会议由你来主办，这是一件大事。那怎么化小？把任务进行分解：组建筹委会，由谁负责筹钱，由谁组织人手，由谁筹划，由谁具体执行，由谁调度车辆，由谁接站，由谁迎宾，由谁做会务……一件大事要不把它细化成小事，就会感到很累很费劲。个人的事情也一样，也要化小。我干活的时候，就是这样做的，比如挑打出来的稻米，一大麻袋，一看就很愁，这么多，什么时候能挑完？把它分成一盆一盆，这一盆用多长时间，那一盆用多长时间，分开做，就容易多了。做公益时，我也会把目标进行分解，把它化小，一个站承担多少，一个群承担多少，这样就比较容易完成。任务太大，我们就不知道怎么下手，不知道怎么完成，一旦化小，就比较容易成功，我们也会比较有信心去做。

第四个改善拖延症的方法叫"番茄时间管理法"。这是一个意大利人在二十世纪九十年代发明的。它跟我讲到的"神圣时间"是同一件事。在单位的时间内把某件事情做完，就叫番茄管理法。这个方法的发明人当时用的是二十五分钟：在二十五分钟内谁也不能打扰他，他专注做一件事，做完后休息五分钟。然后再定下一个二十五分钟的任务，这样做事的效率比较高。

第五个改善拖延症的方法是"依众靠众"。我们自己做一件事情，容易拖延，但很多人一起做的时候，大家相互监督，相互鼓励，就会做得很快。这个方法一定要运用好，在好的团队中做事情，自己不出力，如果有人监督，就没有拖延的机会。这是一个很好的手段。

掌握了这些好方法后，我们就可以帮孩子改善拖延症，帮他养成凡事及早不及晚的好习惯。每一件事都做到"今日事，今日毕"。我们要监督他，陪他把该做的事做完，先做应该做的事，然后玩一会儿。但是，那些必须要做的事不能等，比如写作业、看书、预习，比如适当的家务。

我们必须做的事一定要早点往前赶，不要拖，拖到最后只能后悔。希望我们都成为雷厉风行、执行力强的人。

# 三十三、不轻诺

　　我们讲过诚实守信的好习惯。不过,"不轻诺"和"诚实守信"有所不同。诚实守信是守信任、守承诺,许下承诺后,我们必须履行。不轻诺是不要轻易许诺。"不轻诺"和"诚实守信"是两个方向,即有所不为和有所为。

　　讲究信用是中国人美好的品德和优良传统。有一次,吴国公子季札奉命出使晋国。古人有佩带宝剑的习惯。据说,吴国公子季札的宝剑很有名气。路过徐国时,他拜访了徐国国君。在宴席上,徐国国君对季札所佩戴的宝剑垂涎三尺。季札全都看在了眼里。季札嘴上没说,但在内心早就规划好了:"出使晋国完成外交任务后,我就把这把宝剑赠送给徐国国君。"

　　之后,季札离开了徐国,继续西进,往晋国方向走。在晋国完成任务后,回国途中,他就想履行自己心中许下的承诺。季札回到了徐国,很不巧的是,徐国国君已经得病去世。季札非常伤心,就跟国君的继位者说了这件事:"我准备把我的宝剑赠送给你父亲,但如今他老人家已经去世,那我就把它赠送给徐国吧。"古人讲究礼仪,徐国的新国君虽然也很喜欢季札的宝剑,但他父亲没留下过任何遗言,他也没听他父亲说起过此事，便认为接受赠送是不妥的，就婉言谢绝了季札的好意。见新国君"谨尊父命"，季札赞叹之余，只好作罢。

之后，他带着随从来到徐国国君的墓前，把宝剑挂在了树上，将它赠送给徐国已故国君。同行的人不解，问季札公子："你没亲口答应过徐国国君要赠送宝剑给他，而且徐国国君已经死了，你没有必要把这么贵重的宝剑挂在陵前。"季札对他的随从说："虽然我没有口头许诺过，但我在内心已经许诺了。"他认为虽然徐国国君已经去世，但不能因为他去世了就不再履行自己曾经在心里许下的承诺。这就是为后人称道的"季札挂剑"（《史记·吴太伯世家》）的故事。

从这个故事中，我们就可以看到古人是多么讲究守信，即便是内心的承诺，也要履行，不管对方在世与否，都要履行。

这个故事引出了我们今天的主题，那就是"不轻诺"。季札就是不轻诺，没有轻易地就说出口，但即使是内心的承诺也要认真履行。这就是中国人的精神。

这一点，我外公做得特别好。据我母亲说，外公临终前，特意嘱咐我大舅说："我曾经借过我朋友几块钱。但后来这个人找不到了，你一定要找到这个人，把钱还上。"外公去世后，我大舅经过多年找寻，最后终于找到了外公的朋友，了却了外公的遗愿。

我们要向古圣先贤学习，向历代祖先学习，向我们的父母辈学习，学习他们重承诺、守信用的品质和精神。

我今天所要讲的重点不是履行承诺，而是要不轻诺，即不要去轻易地许下诺言，要"诺不轻许"。我们一旦许下诺言，就要履行，但我们一定不要轻易许下诺言。大家会说，该承诺的要承诺，但我要强调的是，很多时候不该承诺的就不要承诺。如果我们轻易许下诺言，却不想履行，那最后的结果要么是不去做，要么是忘了，这会给人际关系带来很大伤害。

《道德经》中说："夫轻诺必寡信。"那些轻易发出诺言的，必定很少能够兑现。比如说，在饭桌上，经常有人许下诺言："放心吧，这个事就交给我吧。"说得信誓旦旦，但过后就忘了。

所以，我们经常说，饭桌上的话不可信。还有很多人说："行，朋友，过两天我请你。"过两天就没影了，就忘了这件事了。这些都是轻诺寡信的典型案例。

有些小承诺，非常容易说出口。比如说，有的家长说："孩子，你好好学习，过几天陪你出去玩。"孩子就相信了，也照办了，之后要求家长履行承诺，家长却说："哎呀，我只是说说而已，你认真什么啊？"家长有所不知，我们这样已经辜负了孩子的信任。

一个孩子总是说谎，不守信用，那基本上是因为他家长经常谎话连篇，从来不信守承诺。家长如果跟孩子都不信守承诺，那家长的话孩子就不想听。为什么？因为家长轻易践踏自己的诺言，从来不是一个守信用的家长。因此，孩子小的时候，家长就要践行诺言。比如说，家长答应给孩子买东西，现在没钱，那就跟孩子说等有钱的时候再买。又比如说，家长想带孩子去旅游，但后来去不了了，那要向孩子道歉，说明缘由，以后找机会补上。

用人的时候，看他做小事就可以了，这个人如果经常不履行小承诺，那他基本上没有什么信用，我们就不要让他做大事了。看一个人的品质，就看小事，小事他都能很认真地去做，这种人才能做大事。大事大家一般不会忘，从小事上可以看出一个人是不是有这种品质。孔子说："古者言之不出，耻恭之不逮也。"古代圣贤不会轻易承诺什么，因为承诺了之后，没有实现和履行，就是一种可耻的行为。老子说："轻诺必寡信。"实际上，有很多承诺是不必说出口的，内心有数就好，到时候实行就好了。因为话一旦说出口，就像泼出去的水，再也收不回来了。一旦说出口，就要坚决履行。

我们要像曾子一样，一日三省吾身，反省自己是不是愿意经常轻诺。做公益后，我变得更加慎重，因为向我求助的人太多。

要想做到不轻诺，一定要慎重考察，这件事确实有把握，然后再说。没有把握，不能说。如果我们说出来了，却不去做，就会失信于人。

很多人都听说过"周幽王烽火戏诸侯"的故事。周幽王荒淫无耻，不理朝政。后来，他娶了名叫褒姒的女子。褒姒长得非常美丽，但她从来没有开口笑过。

为此，幽王竟然悬赏求计，谁能引得褒姒一笑，赏金千两。

这时，有个名叫虢石父的佞臣替周幽王想了一个主意：用烽火台一试。在古代，烽火是紧急军事报警信号。国都到边镇要塞，沿途遍设烽火台。为了防备犬戎的侵扰，西周在镐京附近的骊山一带修筑了二十多座烽火台。一旦犬戎进袭，哨兵立刻在台上点燃烽火，邻近烽火台也相继点火，向附近的诸侯报警。诸侯见了烽火，知道京城告急，天子有难，必须起兵勤王，

不轻诺

赶来救驾。虢石父献计令烽火台平白无故点起烽火，就是想招引诸侯前来白跑一趟，以此逗引褒姒开心。

昏庸的周幽王竟然采纳了虢石父的建议，马上带着褒姒，登上骊山烽火台，命令守兵点燃烽火。一时间，狼烟四起，烽火冲天，各地诸侯一见警报，以为犬戎打过来了，果然带领本部兵马急速赶来救驾。看到诸侯国国君们狼狈的样子，褒姒忍不住笑了。周幽王自然很高兴，然后轻描淡写地对诸侯国君们说："没啥事，没有战争，只是为了博我的妃子一笑。"

周幽王为此数次戏弄诸侯们，诸侯们渐渐地再也不来了。后来，犬戎果真攻来的时候，周幽王急忙命令点燃烽火。烽火倒是烧起来了，可诸侯们因多次受愚弄，这次都不再理会。犬戎兵马蜂拥入城，周幽王带着褒姒，仓皇从后门逃出，奔往骊山。但最终也没有逃过身死国灭的下场。

《伊索寓言》中有一篇《牧童和狼》的寓言。说的是，有一个放羊娃觉得放羊没什么意思，便想逗闷子。一天，他大声喊道："狼来了！狼来了！"村民们闻声赶来，哪里有什么狼！牧童看到他们惊慌失措的样子，不禁哈哈大笑起来。后来，狼真的来了。牧童吓坏了，慌忙大叫："狼来了！狼来了！请快来帮忙啊，狼在吃羊了！"然而，他喊破喉咙，也没有人前来帮忙。

从上面的两个故事，我们可以看出，撒谎导致的结果就是失信于人，就是没有信用。生活中，也有这种人，他们经常撒谎，结果没有人再相信他。因此，我们做什么事情都不要轻易说出口，特别是诺言，要做到不轻诺。

另外，我们不要当"老好人"。有一些人很容易就答应别人的请求，这叫"老好人"。有求必应，从来不知道拒绝。这种"老好人"当时间长了，会非常累。有的人总是向你借钱，借得你很痛苦。有的人总是求你帮忙，把自己弄得很累、很苦。当然了，我们主张一个人应该行善，应该助人为乐，这个是好的。但是，我们要记得尽力而为，随缘而作。不能这个忙你帮不了，也要勉为其难、费劲地去帮。这个事你做不成，也硬要去做。这个就是典型的"老好人"心态。最后，你会把自己搞得疲惫不堪，内心很苦恼，但是又不好意思拒绝，抹不开这个面子，一天天地忙着帮助别人，自己还不太情愿，但又没法拒绝，搞得自己很苦、很累。

心理学上讲，"老好人心态"源于两个原因。第一个原因是，自我界限不清晰，认为别人的事也是我的事。我们每一个人都要为自己的生命负责，不可能无限度地帮别人解决所有问题，这是不可能的，必须由他自己负起责任来。我们作为一个助缘去帮助他，这就要求我们不轻诺。

第二个原因是，这样的人内心有自卑情结。表现出来的是，他好客，热情，愿意帮助别人。实际上，他非常自卑。因为他一旦拒绝了别人，就显示自己与别人之间存在隔阂的阴影，这种隔阂的阴影，导致他感到自己被抛弃，不受别人的爱戴，不受别人的重视。于是，他通过不断地帮助别人，让人觉得自己还有用，被别人瞧得起。这是一种内在的自卑，显示出外在的表现就是愿意帮助别人，而本质上是不想被抛弃。

因此，要认清我们是不是自我界限太模糊？是不是有着深层自卑？

愿意帮助别人是好事，同时我们也要量力而为。帮助别人时，自己却很痛苦，失去自我，失去自己的时间，失去内心的平衡，这时候我们就要回归一下，先自利再利他，走中道路线。

总之，我们要诺不轻许，一旦许诺，就一定履行。前提一定是诺不轻许。这件事我能做，那我就许诺。我确实做不了，就要懂得婉拒。我们既要"一诺千金"，也要"诺不轻许"。

对待孩子也一样，我们要培养他为人处世的责任感。比如说，他答应说："今天的碗，我来刷。"那就必须让他刷，不能说完后，去玩游戏或看电视了。家长一次一次迁就放过，孩子就会一次一次践踏自己的诺言，不履行。在小事情上不履行诺言，时间久了，孩子就会成为一个没有信用的人。因此，即使是非常小的事情，一旦他承诺了，哪怕家长陪着他做，也要让他把这件事做完。同时，我们还得告诉他，做不到的事情不要顺嘴就说。

希望我们都能做到这一点，然后帮孩子做到这一点。

# 三十四、爱笑

　　工作的缘故，我接触的人特别多。我发现那些脸上带着笑容的人，很容易相处，人缘也好，大家都喜欢亲近他们。

　　我今年五十多岁了，这么多年人生的经验，深刻感受到爱笑与不爱笑有着非常大的差别。如果一个人总是一脸严肃或者很冷峻，那接触起来总感觉有一点陌生。人一笑，就让人如沐春风，感到亲切和温暖。

　　如果父母从来不爱笑，我们肯定害怕，就想离得远一点。如果父母笑容可掬，我们生活在这种环境中，就会感到很安全。一个很爱笑的朋友，我们会感到很容易亲近，觉得好交往，能够快速了解他。比如说，一个客户来找你谈事情，他如果是一个爱笑的人，你就觉得他很亲切，更愿意跟他说两句；他如果是一个严肃的人，我们就觉得还是少说为妙。爱笑的人朋友多，容易把关系搞好，把事业搞好。人都是趋乐避苦的。因此，我们希望在家庭、单位和团队中与人接触，能处处感受到其乐融融。

　　一个人如果笑容满面，内心又很善良，我们与其相处，就会觉得很快乐，感到春风扑面般的温暖。因此，换位思考一下，别人肯定也喜欢看到爱笑的我们。走路时遇见人，在电梯里，在公共场合，我们对人笑一笑，人家就会觉得这个人心怀善意，这个世界真美好、真温暖、真和谐。

我们期待别人怎样，我们自己首先就应该怎样。

一天，一名美国女孩在小镇的路上遇见了一位中年人。那人愁眉苦脸，非常冷峻。小女孩冲他笑了笑。那人停下来，对小女孩说："你天使般的微笑，化去了我多年的苦闷。你家在哪里？"女孩说："我家就在附近。"之后，那人回家拿来四万美元，要将它赠送给女孩。一开始，女孩的家人说什么都不要。那人说："就是你女儿天使般的微笑，化去了我多年的苦闷。这个钱你们一定要收下，否则我会觉得心里过不去。"那家人见他那么真诚，便收下了。

这件事一下子传开了。有记者采访女孩说："这位叔叔怎么能一下子给你这么多钱？你们认识吗？"她说："不认识。""那是什么原因？"女孩说："我也不知道。这个叔叔当时说了一句'他说，你天使般的微笑，化去了我多年的苦闷。'"记者感到很好奇，于是便找到了那名中年男子。原来，他是当地非常有名的富翁。但他常年抑郁，平时紧绷着脸，大家都特别害怕他，离他远远的。只有这位天真无邪的女孩，见到他的时候，冲着他笑，她天使般的笑容，一下子触动了他的内心，让他的苦闷瞬间化解。

我们平时觉得笑没什么，谁不会笑啊？其实，爱笑的人并不多。我们为什么不爱笑？第一，我们内心的苦恼太多。一个人如果内心不苦恼，肯定会散发笑容。第二，我们的善意不够。

我们对这个世界、对别人、对万事万物释放的善意不够。面由心生，一个人的脸如果是狰狞的，他内心一定有无数仇恨；一个人内心很美好，很有善意，脸一定是很平和的。

一名遭遇了重大打击的男子，准备自杀。自杀之前，他说："我要当个饱死鬼，不当饿死鬼。"于是他来到了一家饭店，遇了一个十多岁的女孩。两个人恰好是对桌，那个女孩总瞅着他笑，就在女孩不断对他笑的过程中，他觉得："我不能自杀，这个世界还是挺美好的。"女孩的笑，唤起了他内心的善良和美好。他于是决定继续勇敢、顽强地活下去，后来他成为当地一位非常成功的人。

十几年后，他突然觉得："我现在的这一切，都要感谢那天在饭店冲我笑的那个女孩。我一定要找到她，报答她。"他通过各种办法，终于找到了那位女孩。他问女孩是否还记得他们相遇的事。女孩说："多少有点儿印象，但没有太深的记忆了。"那人便把详细情形告诉了女孩。

我们的微笑，是对人善意的示好，是一种布施。那个美国女孩的微笑布施，让一个人摆脱了内心的苦闷；另一位小女孩的微笑布施，让一个人放弃了自杀行为。看看微笑的力量有多么强大！

子夏问孔子："什么是孝？"孔子说："色难。"对待老人，我们的脸色要好看。《礼记》中有一段话："孝子之有深爱者，必有和气；有和气者，必有愉色；有愉色者，必有婉容。"一名孝子，要是对父母有深深的爱戴，心中必然充满和顺之气。有和气者必有愉色，就一定会表现为和颜悦色。有愉色者必有婉容，脸上有和颜悦色，就一定会表现为婉容，就是承欢的样子，好看的脸色。我们不要觉得拿两个钱就了不得，就可以想说啥说啥，脸色想要多难看就多难看。我们对老人、对孩子都应该和颜悦色。

胡适在《四十自述》中说："我渐渐明白，世间最可恶的事，莫如一张生气的脸。"人生气时候的脸，都比较难看，比较可怕，我们见了，都恨不得逃得远远的。法国大作家雨果说："有一种东西比我们的面貌更像我们，那便是我们的表情。还有另外一种东西，比表情更像我们，那便是我们的微笑。"我们的表情、我们的微笑，更能反映出我们的性格、我们的内心世界。

美国的一项研究发现：面带笑容的受试者，心率下降得更快，压力也减轻得更快，可见，笑容对我们的健康多么有用。斯坦福大学也对微笑做了一项研究，发现：笑可以增加血液和唾液中的抗体和免疫细胞的数量，特别容易缓解疲劳。韦恩州立大学的研究发现：爱笑的人比不爱笑的人平均多活七岁。

研究还发现：在社交时，爱笑的人能凭借笑容与陌生的人迅速地打成一片。不爱笑的女性比爱笑的女性离婚率要高五倍。可见一个人不爱笑，不受人欢迎，给别人的那种压力就会大，造成的烦恼就会多，就容易离婚。

通过古圣先贤的教诲以及这些大学的研究结果，我们可以得出一个结论：我们一定要在生活中培养爱笑的性格，养成爱笑的习惯。

如何培养孩子爱笑的习惯呢？

第一，要营造一个良好的家庭氛围。这对孩子乐观性格以

爱笑

及爱笑习惯的养成至关重要。

第二，要给孩子足够的安全感。孩子在睡梦中常常露出笑脸，为什么？因为他感到舒适安全。作为父母，我们要懂得知足，上敬下和，努力克制自己，不能随便发火，夫妻不能吵架，这样孩子才会有安全感。

第三，培养孩子的自信。我们对孩子表示认同、肯定，会加深他对自己的自信。

第四，要多多培养孩子的兴趣爱好。在兴趣和爱好中，孩子会逐渐增加自信。

第五，要帮助孩子疏导负面情绪。孩子悲伤时、愁苦时、焦虑时，家长要帮他疏导。孩子越来越自信、越来越满足、身心世界越来越和谐的时候，他才笑得出来。我们首先要做一个爱笑、乐观、自信、积极向上的人，这样才能培养出爱笑的孩子。

爱笑对我们的健康、人际关系、家庭和谐，都有着积极意义，希望大家都能笑口常开，收获春风般的笑容、幸福顺利的人生。

# 三十五、亲近自然

现代人的生活节奏非常快，越活感觉离自然越远。人们身心分离，疾病越来越多，特别是心理疾病。因此，我们一定要养成亲近自然的好习惯。

我常常告诉那些有心理困惑的咨询者："有两个方法可以治愈你。一个是回到你自己的原生家庭，孝顺父母，在原生家庭里找到归宿，找到生命的答案。另一个是回归自然。我们越来越城市化，住在楼里，那是钢筋水泥的丛林，不是真正的大自然。"

我们国家的那些名山大川非常有灵气，千年的古寺常常选择建在大山里，远离尘嚣，和天地合为一体，比较容易近"道"。在自然中，我们能够找到真理，能够找到生存之道、生命之道。《道德经》说："人法地，地法天，天法道，道法自然。"这里的"自然"指的是自然规律。《道德经》倡导的"无为"，指的是遵循自然规律去作为，不是没有作为。自然界中，"道"无所不在。比如说，地球围绕着太阳转，月亮围绕着地球转，恒星、行星、卫星都有自己的运转轨道，这些都是"道"，"道"就是天、地、人、万事万物固有的本性和规律。

自然万物都是合乎"道"的。我们的妄想恰恰不符合"道"。妄想是习气，是无明。一个人不热爱自然，就说明他离道远矣，他会停留在妄想的世界里，停留在"有为法中"。

什么是"有为"？本来不需要这么多房子，够用就可以了，但我们就是觉得不够用，到处盖高楼大厦，这就是"有为"。老子讲"无为"，就是要求我们顺应自然，不违反自然规律，不乱占用资源。然而，我们人类恰恰不是这样，我们到处污染大自然，破坏大自然。

万物运行的规律，都有章可循，它不会制造垃圾，也不会人为地去破坏。违反自然规律的是我们人类。制造垃圾和污染环境，全是因为人类的"有为"。我们躲在屋子里，躲在网络里，躲在游戏里，这些全都是人类的妄想，长年累月能不得病吗？

孔子说："智者乐水，仁者乐山。""乐"是喜爱的意思。真正有智慧的人，喜爱山水，尤其是喜欢水，水是流动的、变化的，智慧跟水一样富于变化。一个有仁心的人，岿然不动，总有不变的东西，山里有无穷宝藏，是万善的、纯善的，所以说"仁者乐山"。有智慧的人都非常喜欢大自然，愿意在大自然中行走。而那些喜欢活在自我世界里、活在头脑中、活在自己"贪嗔痴"的氛围中的人，没时间亲近大自然，好不容易有一点时间出去旅游，脑袋还总想着事业，打电话，发信息，无法身心合一。

老子老年时云游天下，在函谷关写下洋洋洒洒五千言的《道德经》，然后隐遁江湖。孔子一生周游列国，桃李遍天下，他传道的地点是杏坛。《渔父》描写了孔子教学的情形："孔子游乎缁帏之林，休坐乎杏坛之上。弟子读书，孔子弦歌鼓琴。"（《庄子·杂篇·渔父第三十一》）孔子在杏坛上，一边弹琴唱歌，一边教学。北宋大儒程颢特别喜欢大自然。他曾经写过一首小诗，叫《春日偶成》："云淡风轻近午天，傍花随流过前川。时人不识余心乐，将谓偷闲学少年。"他的教学也经常在大自然中进行。这些真正有大智慧的人都与自然在一起，向大自然学习。牛顿就是因为苹果掉下来了，才发现了"万有引力定律"。宋朝禅师柴陵郁骑驴过一座木板桥时，掉进了河里，好在水不深。掉进水里，他突然开悟了，做了一首偈："我有明珠一颗，久被尘劳关锁；今朝尘尽光生，照破山河万朵。"我们有清净的自性，但被无明、妄想、贪嗔痴遮盖住了，现在恍然开悟了，就像尘土被吹开了，露出自性的光芒，照破山河万朵，一下子就明了了。

林则徐写过两句诗："青山无墨千年画，流水无弦万古琴。"青山没有墨，但是千年画；流水没有弦，但是万古琴，一直在弹奏。大自然的和谐美妙是巧夺天工的，我们造不出来。各种树、各种虫、各种花、各种鸟，美妙得让人无法想象。人类再善于描绘，再善于想象，都想象不到。大自然很神奇，但是又符合"道"，处处蕴含着真理。小草在微风中，风吹它就动，不吹就不动。它们不起眼儿，但任凭人们怎么践踏，它们都会生长，即便无人问津依然乐观地长。

人类就不行，我们得为名，我们有贪嗔痴。"人笑小草无人问，小草笑人太可怜。"小草一岁一枯荣，时间很短。但春风吹又生，绝对顽强。冬天里，草枯萎掉了，但春天又长起来了，非常坚韧顽强，从不抱怨。这就是"道"。有的人有点事儿就抱怨，就怨天尤人。

一棵小草就够我们学习半天，更何况整个大自然呢？"人法地，"大地默默地承载，包容万物，无有分别，厚德载物的德行，值得我们学习。空气是最无私、最平等的，无论是圣贤，还是恶人，它照样提供空气，平等对待，永远都是无私给予，我们要学习。水是最谦卑的，滋养万物而不与之争，上善若水，我们要学习。有的人要么就自卑，要么就骄傲，跟自然界比起来真是可笑。但是，人类自大到总觉得自己上天入地无所不能。

在大自然面前，我们一定要谦卑，要做个小学生，要融入大自然。我喜欢游学，不愿意天天坐在教室里研究书本、研究理论，活在头脑的世界里。我们要向孔子等圣贤学习，在大自然中教学，在人事物中寻找真理，找到解决生命问题的方法。大自然中的那些规律、那些智慧，哪样不值得我们学习？鲁班被带齿的草伤到后，受到启发，发明了锯。因此，我们要回到大自然中，没事儿就出去散散步，登登山，在水边、树林里、花草的世界里驻足。

在大城市游学，我们就会觉得特别喧嚣，心不安宁。为什么？大城市里有几百万人，甚至上千万人，躁动不安，我们的心也会不安定。我们要去大山里，去有树有水的世界，氧气、负离子都充足，在那里一待，人心自然就会静。

屈原、李白、杜甫无不都是在山水中获得写诗的灵感。伟大的诗人喜欢跟天地待在一起。李白的诗真是千古绝唱，现在的诗人很多，但一篇绝唱也写不出来，就是因为我们的妄想太

亲近自然

多了，我们偏离"道"太远了。

我非常喜欢山水诗，喜欢陶渊明的"采菊东篱下，悠然见南山"的淡然。山水派诗人王维写了很多山水诗。"空山新雨后，天气晚来秋。明月松间照，清泉石上流。竹喧归浣女，莲动下渔舟。随意春芳歇，王孙自可留。"写得多美啊。

有人问一位俄罗斯音乐大师："你作曲、编曲怎么做得这么好？"他说："我从小就向大自然学习，听流水的声音，听鸟鸣的声音，听风吹松涛的声音，在大自然中获取灵感，我一直是这么学习的。你是怎么学习音乐的呢？"那人说："我学习音乐就是弹钢琴，然后跟着五线谱弹曲子。"两者比起来，谁更值得学习呢？很明显，我们要向前者学习。后者生活在人为的世界里、有为的世界里。教育学家说：要教孩子认识苹果，就直接拿一个苹果，给孩子看。不要教他字卡。字卡上的"苹果"不是苹果，那是一个字卡上的词。如果有条件，跟孩子一起来到苹果树下，告诉孩子，这是苹果树，这是苹果，让他摸一摸，感受感受，闻一闻。我们的学习很机械，很抽象，带着妄想，离实际很远很远，远离了大自然。

我非常热爱大自然。小时候生活在农村，种地、薅草、挖野菜，上山捡柴火，下河游泳。一出门就是田地、菜园子，虽不是真正的净土，但确实让我感受到人间净土的感觉，家家炊烟袅袅，非常安宁。农村每家都有杖子，就是木头围墙，都是用木头做的。雨季的时候上面会长木耳，木耳吃起来很香。

秋天里，豆角爬满墙和栅栏。那种感觉就是处处都是风景画。山上的树都是原始森林的古树，结出很多种水果，都是原生态，没有几个人去破坏它。后来，人的欲望越来越多，够不着水果，就把树砍倒摘水果，要不就把它锯断，把下半截扛回家栽。我们的老祖宗非常爱护这些古树。比如说，你只能摘水果吃，但不能破坏，所以那个时候大山上的野果非常多，现在没了，果树全被砍光了。我非常怀念过去的时光，有时间会到田间地头坐一坐，遇见森林也愿意走进去，闻闻草香，觉得是灵魂的味道。在城市里，我闻到的更多的是贪嗔痴的混合味道。

现在，我们人类离"自然"越来越远，与"道"越来越不相应。

我们没有时间再回到自然中，多少年亲近不到水流。小时候在小河沟里、大河里，水流漫过腿，那种感觉非常美，现在我已经没有这种感觉了。

我们一定要有这种认识，不热爱自然的人也很难热爱人类，很难在心中生起仁爱之心。因为天地万物是一体的，不热爱自然，也就不会爱人。就会热爱钱，热爱享受，热爱利益，而没有心思去爱别的。因此，我们要养成经常走出去的习惯，在大自然里走走停停，让我们的灵魂停一停，有了这种觉悟后，我们再培养自己的孩子热爱大自然的习惯，不要天天在屋里待着，要么刷手机，要么玩电脑。

把手机放在家里，轻轻松松地与大自然为伴，不是换个地方玩手机，也不要拍照，就是好好带着孩子去认识认识草、摸摸树，蹚蹚溪水，爬爬山。我们要走出去，走出我们的妄想，走出我们头脑的世界，在自然中感受我们的存在，感受与自然为伍、与万物一体、与"道"相应的感觉。这样才能把孩子带进一个自然而然的世界里。大自然是一本"无字天书"。没有一个字，却写满真理。大自然给我们留下太多的宝藏，太多智慧的启迪。如果远离大自然，孩子就不会身心健康。因此，家长要有这种意识，要有这种觉悟，经常陪着孩子到大自然中走走。

希望我们以自然为师，与自然为伍，在自然中得到智慧的滋养，在自然中得到"道法自然"的启迪，与自然一起同呼吸、共命运，走向生命的觉醒。

# 三十六、锻炼身体

当今，互联网发达，人们都活在网上，很多时候，人们的身体得不到锻炼。比如说，以前走路是家常便饭，像我小时候，车很少，全靠走，去干活儿靠走，上学靠走，几里路，快走也就二十多分钟。那个时候，走路把身体练出来了。小时候，我一边走路，一边听大喇叭广播里播放的评书，走得飞快。

我们小时候，经常劳动、锻炼。因此，那个时候的学生虽然吃得不多，但身体很好，经常爬树，爬山，蹚水。现在，我们没有太多的机会去锻炼身体，不怎么劳动，出门就是车。大家也很少主动锻炼身体，回到家要么躺在沙发上，要么在那儿玩手机，几乎不怎么锻炼身体，这是一个全民问题，不只是学生。热爱锻炼身体的人越来越少，这是一个大问题。

人是否幸福，有一个很重要的指标，就是身体健康。病苦会让一个人心情糟糕，陷在阴霾中，看不见阳光，幸福指数比较低。因此，我们需要有一个健康的体魄。我们之前讲的大部分是思想上的、德行上的。其实，我们的心理健康和身体健康同等重要。心地清净，不容易生病。人到了一定年纪，对身体健康的感受就会变得深刻。一个人如果身体不健康，到老了，就会感受到病苦，生活的质量就会下降。这一点，我们要高度重视。

我现在将近六十，身体还算可以，主要得益于年轻时喜欢锻炼身体。可以说，我超级热爱锻炼，早晨起来先活动身体，然后跑一万米。跑一万米回来后，做各种器械：哑铃、单杠、双杠。最后，我会以武术结束锻炼。早上一般四点到五点就会起床，白天有时间会参加体育运动，比如打球，晚上回到家还要锻炼一个小时。运动让我的身体好，原地跳高，不用助跑，一米多的横杆儿一下子就跳过去了。那时候做运动，一点儿也不发怵，因为浑身是劲儿。引体向上、俯卧撑、仰卧起坐，都做得飞快。现在，我有时候会去做盲人按摩，因为平时坐得时间久了，肩背会有点儿僵，就需要按摩。按摩师说："你这身体，一看就知道是练过的，肌肉发达，结实。"年轻时，我把这个底子练出来了。前些年，我确实太忙了，每天从早晨忙到晚上，讲学、做公益，那段时间锻炼得少。现在，只要有时间，我就去跑步，走路，做器械。因此，四十多年来，我一直坚持锻炼身体，受益良多。

人到了需要拼体力的时候，如果没有好身体，很快就会败下阵来。有位企业家说："当两个人的智力水平差不多的时候，就要看体力了。"我们看，我们的战士也是如此，他们不但有钢铁般的意志，也有强健的体魄。因此，我们一定要把身体锻炼好。最关键的是心灵要保持健康，对人事物不能有丝毫挂碍，我们的身体也要锻炼好，如果不锻炼，肌肉就开始萎缩，各种

锻炼身体

活动能力都会下降。

我们一定不能忽视身体健康，古圣先贤给我们树立了榜样。

举例来说，孔子是一个特别喜欢锻炼身体的人。据说，孔子是一米八九的大个子，身材高大，身体强壮。孔子喜欢驾车，另外，跑步、射箭、游泳等，他都特别擅长，经常带着学生做这些练习。孔子是一个身心都很健康的人，周游列国时，很多弟子都吃不消，但孔子一直很健康，也很乐观。

积极乐观的前提是要有正确的知见和心态，才能有一个好身体。如果天天病病快快的，怎么可能乐观呢？朱德元帅喜欢锻炼身体。他说过，锻炼身体要经常，要坚持，比如像机器，经常运作才不会生锈。他这个比喻好，机器不运转就会生锈，人也是一样，越待着，就越懒，越懒就越不愿意锻炼，这样就形成一个恶性循环。人的身体应该形成一个良性循环，越锻炼，身体越好；身体越好，人越勤快。

现代奥林匹克创始人顾拜旦先生说："一个民族，老当益壮的人多，那这个民族就一定会强；一个民族未老先衰的人多，那么这个民族一定会弱。"吴阶平院士说："健康不是一切，但没有健康就没有一切。"

中国工程院院士、著名呼吸病学专家钟南山院士在接受"共和国勋章"时，健步如飞，身体倍儿直，走路有力量。他老人家多次冲在抗疫第一线，体力非常好。老人家从小就喜欢锻炼，喜欢打篮球、游泳、做器械，每天走五公里。我们要以钟南山老院士为榜样，想一想人家为国做出了多少贡献？除了专业能力，那还得需要有旺盛的精力，这个精力来自常年的身体锻炼。

锻炼身体，我的体会是，要天天坚持。哪怕再忙，也要抽出一点时间来，比如十分钟、二十分钟，要相续不断，否则的话，一中断，就不行了。比如说，你特别忙，一两个月没有时间锻炼，之后你很有可能会长期不锻炼，这样一来，身体机能就会下降，免疫力就会下降，说不准哪天就会得一场大病。因为如果人的免疫力下降了，各种病就会接踵而至，那个时候再想快速恢复健康，就很费事。因此，我们一定要长期地坚持锻炼身体。有空闲的时候，我们可以去健身房；在家里也可以练，出差的时候，在宾馆里也可以练，比如蹲跳起、俯卧撑、仰卧起坐，出去走路、压腿等。

现在的孩子学习压力大，我们可以每天带着孩子练二十分钟，出去跑跑步，走路，压压腿，跳绳，或者做一下器械。关键是每天都要坚持，一曝十寒不行。

女儿小的时候，我就喜欢带她锻炼身体，跑步。养成习惯后，到点她就醒。她会主动叫醒我："爸爸，快出去锻炼。"我们要帮孩子养成这个习惯。一旦养成习惯，孩子就会受益。锻炼身体后会出汗，会感到舒服，身体健康。长大后，孩子依然会坚持锻炼身体。

作为家长，不要懒，要跟孩子一起练，有个伴儿，他就会感到有劲头。锻炼可以让身体强壮，这一生会少很多痛苦，少得很多病。如果没有好身体，老年就会与痛苦相伴，让亲人担忧，自己痛苦，啥事也做不了，天天治病。因此，不要把自己的人生搞到那种局面，早一点重视，早一点行动，在没有失去健康的时候，我们先要注重健康，一定要防患于未然。《黄帝内经》

上说："上医治未病，中医治欲病，下医治已病。"

从现在开始，大家都要注重身体健康，带动孩子，指导他，带他一起练，把我们下一代的身体也锻炼好。

# 三十七、善于记录

明朝文学家张溥小时候记忆力比较差，老师让大家背课文，很多同学都背完了，他却背不下来。老师就罚他背诵十遍："你回家背十遍，明天再检查。"回家后，他按照老师的要求背了十遍。第二天，老师让他背诵，他一开始背得挺顺溜，但背了几段就忘了。老师呵斥他，用戒尺打他，告诉他："你别这么背，罚你回去写十遍。"昨天老师罚他背十遍，今天罚他写十遍。回家后，张溥安安心心认认真真地把文章抄写了十遍。第二天课堂上，老师又让他背诵，张溥从头至尾很流利地把文章背下来了。他突然发觉，前天背十遍，还是背不下来，抄写十遍，却有这么好的效果。这说明一个深刻的道理："好记性不如烂笔头。"

当今科技发达，大家都习惯在手机上打字、读文章、办公。除了学生以外，很少有人愿意拿笔记东西，时间久了，大家提笔忘字，很多字都不会写了。这是科技发达的一个副作用，也就是大家懒得动手，记忆力明显减退。我们"大爱"有一些同学，开会、搞活动，随时拿个笔记本，一边听，一边不断地认真记。有的同学记录水平很高，我讲的课大部分都能记下来，回去后，可以复习。对他们来说，学习的效果会比普通的人高。

这个习惯很好，希望大家都能养成。

古人很善于记录。举例来说，白居易喜欢在桌子上放很多陶罐，他写东西记录下来后，就把它们放在陶罐里，放很多后，他就开始整理，整理后开始写作。白居易是一个特别高产的诗人，他的灵感都是这么积累起来的。诗人李贺有一个习惯：身上总背着一个布袋，一有灵感，就赶紧写下来，然后放在布袋里。古代人喜欢游山玩水，在天地间寻找灵感，他就经常记录，走一路，记一路，回去后，拿出来整理，开始写作。李贺的才华，原因就在于他有这么一个好习惯。曾国藩治学很有方法。他治学的纲领有五个字："看、读、写、作、录"。"看"就是阅读，他特别喜欢阅读。"读"就是朗读，就是大声地把文章朗读出来，朗读就要出声，效果会更好。"写"就是书法，把它写出来。"作"就是写作。"录"就是记录。曾国藩一生写作，一生记录，所见所闻都写在日记中，从小一直写到老。

很多外国名人也善于记录。举例来说，达·芬奇有一个很独特的"腰带笔记"。他的腰带看起来挺宽，那是因为他随时会把自己想到的、见到的，记录下来，放在自己的腰带里。回到家，打开腰带，把笔记拿出来进行整理。这些笔记给达·芬奇提供了很多灵感。苏联作家列夫·托尔斯泰有一个习惯：他随时拿着一个笔记本，走到哪里都拿着。有人问他："你笔记本不离手，不嫌麻烦吗？"他说："不麻烦，我随时都会有灵感，我就会记下来。"他记了无数个笔记本，为他完成大部头著作，提供了广泛素材。

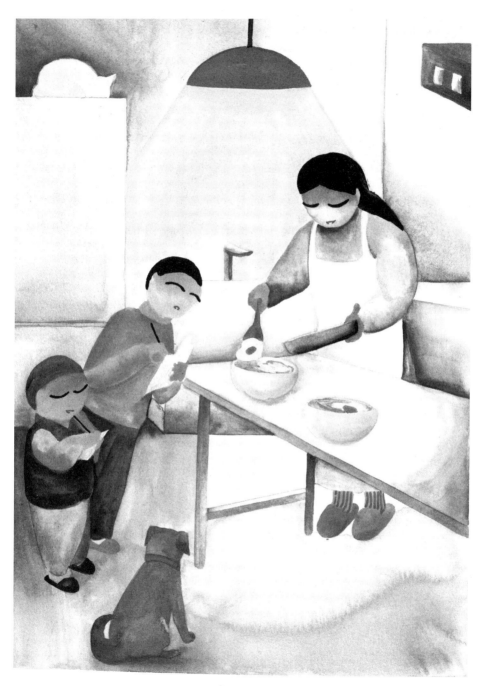

善于记录

在做笔记方面，有两个人让世人无出其右。一个是大文豪、史学家、哲学家钱钟书先生。在英国留学时，他很喜欢到牛津大学图书馆读书，边读边记笔记，他外文水平很好，用了十多年的时间，在英国牛津大学图书馆里记外文笔记，记了一百七十八册。读完后，他就写心得，写了二十三册。后来，人们算了一下，在二千万字以上。钱钟书是多么用功啊。为什么钱钟书那么有学问？那是他学来的，不是生而知之。另一个是大发明家爱迪生。爱迪生是一个疯狂的记笔记高手，总共记录过五百万页笔记。他把平时的想法，以及在发明过程中遇到的情况，全部记录了下来，然后反复查看、比较、研究。他为什么会成为"发明大王"？就是因为他平时特别留心。"处处留心皆学问。"我们平时听课，听一听很快就忘记了，但记一遍的效果却要好很多。很多人读书没有认真记笔记、认真做研究的习惯，所以收获不大。这一点，我们也要向毛主席学习。毛主席一有时间就读书，古今中外的书，他都喜欢读。他说："看书一定要认真地看，反复地看，还要做笔记，不能走马观花，一目十行，那种效果不好。"毛主席喜欢做眉批，他看过的书眉批都是密密麻麻的。同样是书，我们看看就过去了。毛主席看就不一样，他反复看，反复琢磨，不懂的地方就去研究。懂了后，哪些地方觉得不太对，就在那些地方画问号，然后写一段自己的看法。他曾跟人家说过："不动笔墨不看书。"我们看书得动笔墨，得记下来，哪些地方怎么回事，要有自己的研究、自己的思考，重要的地方，要摘抄下来。

我从小就非常喜欢记笔记。重要的地方，我就画一条横道。

有疑问的地方我就标示出来，等以后研究。"心有疑，随札记，就人问，求确义。"（《弟子规》）更重要的地方，我就摘抄下来，摘抄了很多本。为什么这么做？你若不摘抄，过一段时间再找就不那么容易找了。我不但会把重要的地方摘抄下来，还会针对某些话题，写一点心得，写一篇文章。这样一来，我对这件事情就会认识得更加深刻，体会也和别人不一样，在思考中得出自己不同的见解。

在当今互联网如此发达的时代，我们还是要把笔捡起来。"眼过千遍不如手过一遍。""好记性不如烂笔头。"要学会记录，记录不单对我们的学问有帮助，还会对我们的事业有帮助。比如我们去参加应聘、招标，我们如果拿笔记本认真记录，会给面试官、领导留下一个非常认真、尊重别人的印象，他们会觉得，这个人这么认真，这么尊重我，我可以给他一次机会。很多人就是因为善于记笔记，才赢得了一次机会、一次合作。

我们要自己先养成善于记录的习惯，把笔拿起来。然后，培养我们的孩子从小养成善于记录的习惯。比如说，他看见一棵树，你就让他记最关键的几个字，然后给他点评一下，鼓励他一下，他就会觉得挺好。慢慢地，他就会养成善于记录的习惯。又比如说，我们可以给孩子准备一个他喜欢的本，告诉他，今天出去玩记一记，天长日久，孩子的记忆力、写作、各方面的能力都能练出来。现在，很多人字写得挺难看，为什么？因为总不动笔。记录会把好的性德，慢慢开发出来。那些字写得好的人，一定是因为经常写。到了社会上，如果我们不再提笔，字很快会忘掉。

我们不能只活在高科技的世界里。"好记性也不如烂笔头。"我们要重拾做记录的好习惯。

# 三十八、善于总结

　　善于总结是我们做人做事非常重要的素质。历史上有一个"楚汉相争"的典故，讲的是汉朝建立前，刘邦和项羽争天下的故事。"力拔山兮气盖世"（《垓下歌》）的项羽，出生在贵族家庭。刘邦出生在贫民家庭。两个人的身份差很多，从小受到的教育也不一样，但最后刘邦却战胜了项羽。

　　作为一个农民，为什么能够战胜贵族出身的项羽呢？当然了，这里面有天时、地利、人和等诸多因素，但其中有一个很重要的因素，那就是刘邦特别会用人，善于反省，特别善于总结。

　　有人问刘邦："你为什么能取得天下？"刘邦回答说："夫运筹策帷帐之中，决胜于千里之外，吾不如子房（张良）；镇国家，抚百姓，给馈饷，不绝粮道，吾不如萧何；连百万之军，战必胜，攻必取，吾不如韩信。此三者，皆人杰也，吾能用之，此吾所以取天下也。"意思是说：运筹帷幄之中，决胜千里之外，我不如张良。安定国家，安抚百姓，提供军饷，使粮食源源不断，我不如萧何。带领百万大军，攻打敌人，我不如韩信。这三个人，都是人中豪杰。而我能够充分地人尽其才任用他们，这才是我夺取天下的原因啊！刘邦总结得非常到位，这三个人一个是出计谋的，一个是领兵挂帅攻城拔寨的，一个是搞后勤的。这三个人让他用得非常好。

项羽是怎么总结的？垓下一战，项羽四面楚歌，最后拔剑自刎，自杀之前，项羽总结了一句话："天亡我，非用兵之罪也。"意思是说，是天要亡我，不是我用兵不好。项羽怨天尤人，他认为是天要亡他，他也没办法。

成功的人，善于总结，善于从自身的角度反思自己；失败的人，不善于总结，即使总结也是怨天尤人。从楚汉相争的例子，我们可以看出，刘邦之所以能够成功，其中一个重要原因是因为他特别善于总结，总结得准确到位。

我们不可能一辈子都做正确的事，一辈子都成功，这绝对不可能。但是，我们要善于总结。诸葛亮说："善败者不亡。"什么意思？善于从失败中总结经验的人不会轻易亡掉。

这一点让我想起了大禹治水的故事。尧帝重用鲧治水。舜继位后，发现鲧治了多年的水，成绩虽然有，但不是多好，后来就把他流放了，启用鲧的儿子禹治水。按常理，鲧作为一个罪臣，他的儿子是不能启用的，但舜有眼光，启用了年轻的禹治水。禹跟着父亲治过水，有经验，他总结父亲为什么治水九年，也没有治好。后来，他发现父亲的主要治理方法是堵塞法，哪个地方有水患，就堵一堵。禹总结之后，发现光靠堵是不行的，要疏浚，哪个地方最要害，最容易出事，就想办法开出一条沟渠来，把水引到另一条路上。通过这种疏浚法，水患逐渐减少。舜钦佩年轻的大禹，既有智慧、有领导能力也有德行，就把治理天下的权力让给了大禹。同样是治水，父子两人用的方法不

善于总结

一样。水患的根除得益于禹有总结失败的能力。

《孔子赞》说："(孔子)德侔天地，道贯古今，删述六经，垂宪万世。"意思是说，孔子的德行跟天地是齐美的，他"删述六经"(《诗》《书》《礼》《易》《乐》《春秋》为六经，后来，《乐经》失传)，把上古的圣贤智慧，从三皇五帝到文武周公的智慧，一一进行总结。

老子也不是生而知之的人，他作为当时国家图书馆的馆长，经常跟诸侯们、将领们、成功的人、当权者交流。老子通过与他们交流，再对自己的人生经历不断总结，最后，他在函谷关写下了《道德经》。《道德经》语句简练，洋洋洒洒五千言。《道德经》的智慧源自老子自己的经历以及他看到的、学到的、听到的。

一九六五年，李宗仁先生的秘书程思远先生来北京拜访毛主席。在一次交谈中，毛主席问程思远："你知道我是靠什么吃饭的吗？"程思远说："不知道。"毛主席说："我是靠总结经验吃饭的。"毛主席多次谈到，人一定要善于总结经验，并且要勇于自我批评。

总结经验，不是总结别人的问题，夸自己的好，而是要总结自己的问题。

我们要不断总结经验，特别是失败的经验。需要指出的是，总结经验和反省不一样。曾子说："吾日三省吾身。"我们每天都要反省自己。总结经验要有仪式感，一般不是一个人，要很多人一起总结，要听取大家的见解。

"大爱"做公益这么多年，也有很多做得不好的地方、不足的地方，所以要总结，大型公益活动尤其需要总结。总结的目的是，让下一次做得更好，一次比一次好。做企业也是，好的企业为什么能发展壮大？就是因为管理者善于一次次地总结经验，不犯以前的错误。

在培养孩子的过程中，我们要善于发现孩子是不是精力不集中，问问孩子为什么精力不集中。我们要跟孩子总结说："我们目前不需要花太长的时间，在五分钟的时间里集中精力做一件事，就可以了。现在就开始练。"慢慢地，把练习的时间延长到十分钟、十五分钟，逐渐培养孩子善于总结的习惯。

我们也要让孩子学会主动总结。一开始，他可能总结得不对，但我们可以引导他，培养他，训练他。慢慢地，他会总结得越来越贴近真实。比如说，孩子做错了事，他总结出的可能不是最主要的原因，可能是次要原因。但这其实已经很不错了，我们可以耐心地引导他，让他寻找更多的原因，教会他由果推因，由因推果，谨慎因果，凡事慎于始，从起心动念开始。儿时父亲领着我干活，就是这样，我如果做得不够好，他就跟我一起总结。比如说种地，种浅了，风一吹雨一打，种子很有可能会露出来；如果太深了，就不太容易长出来；水浇多了，太涝了，种子会被泡死；水太少，种子就不会发芽。他每次都会跟我一起总结经验。水不应该这么多，土应该再薄一点或者厚一点……煮米饭时，应该放多少水？我们的经验是，把手放在米上，正好露出手背，水就正好。对孩子来说，他没那么多经验，可能这次做涝了，下次做硬了，家长就要不断地跟他总结，最后总结出放多少水，米饭做出来的口感最好。这些全要总结，处处总结。从做事，到做人，不断总结，孩子养成及时总结经验的好习惯后，他将来就能做大事。

家长要用心带孩子、帮助孩子、引导孩子早点养成这种习惯，将来做人做事的时候，他就会善于总结，及时总结。

希望我们自己首先能养成及时总结的好习惯，也能引导孩子养成这种好习惯。

# 三十九、写作

写作，不是人人必备的一项技能，却是一个人做好事业、有所成就必备的一个技能。一个有大成就的人，无不是写作能力强的人。从古至今，从孔子、老子到朱熹、王阳明，再到毛主席，都是写作高手，他们能取得成功，离不开写作这项技能。

为什么我们需要写作？因为我们要表达，有很多表达需要形成文字，比如说法律、规章、制度、政策、企业愿景、企业部署等，都要形成文件。

年轻人求学、求职时，常常需要写东西给别人看，言为心声，语言是表达内心活动的声音，文章是我们心灵的窗口。通过一个人的文字，我们便可以了解他的思想。

学生的语文考试中，作文历来占分比很大，随着语文越来越受重视，作文也变得越来越重要。

在古代，考试就是一张卷，只考作文，一卷定终身。古代的科举考试，无论是乡试，还是殿试，考的就是写作的能力。一个人之所以能高中状元，是因为他能够把自己修身、齐家、治国、平天下的理想、抱负和境界，在这一张卷上体现出来。因此，写作能力代表一个人的基本能力，甚至可以借此看出这个人将来是否有大成就。

从古至今，伟大的人物、有成就的人物都是写作能力很强的人。孔子删述六经，写作水平很高。老子的《道德经》写得太好了，写作能力超乎常人。魏文帝曹丕把写作上升到一个新高度："写作是经国之大业，不朽之盛事。"（《典论·论文》）意思是说，写作是治理国家的一件大事，不朽的盛事。

宋朝大学问家周敦颐说："文所以载道也。"（《通书·文辞》）写文章有什么用？载道，传承真理，弘扬道。作家罗兰说："写作的目的不应该只是为了发表，当然更不是为了稿费或虚名，它实际上是一个人认识真理之后的独白。"他把写作又上升到了一个新高度，那就是，写作的目的是认识真理后的独白。

著名教育家叶圣陶对作文有一个定义："作文是各科学习成绩、各项课外活动经验，以及平时思想品德的综合表现。因为它是窗口，看一个人写的东西，就知道他的成绩、课外活动的经验、思想品德，以及他对社会、对人生的观察和实践，是综合的一个表现。"我们应该把写作水平提高上去，这样，我们的工作能力也会得到提升。

一九九七年，哈佛大学做过一个实验。实验者把四百零二位新生作为研究对象，对他们的写作能力进行追踪和研究。四年后，哈佛大学得出一个结论："好的作文得自于好的思想。"一个人作文有水平，有价值，源自有正确的思想、高度的智慧。由此可见，一个人写作的能力强，好的思想容易被精准地表达出来。

在企业选用人才的时候，非常看重候选者的写作水平。他

爱写作

们看重以下几点：第一点，见解是否正确。第二点，条理是否清晰。第三点，观点是否深刻。总结起来就是正确性、清晰性和深刻性。具备这三点的人，企业会优先录用。

关于写作，我们应该向古人学习。先秦时代，诸子百家，文章写得太漂亮了。汉赋，唐诗，宋词，元曲，明清小说，好作品浩如烟海。为什么古人能写出那么好的文章？他们之所以能够写出流芳千载的著作，主要源自他们大多数人从小就读诵经典，开始写作。

王维十七岁就写出了《九月九日忆山东兄弟》一诗："独在异乡为异客，每逢佳节倍思亲，遥知兄弟登高处，遍插茱萸少一人。"现在，有几个孩子在十七岁时能写出这么美的诗。白居易十六岁就写出了《赋得古原草送别》："离离原上草，一岁一枯荣，野火烧不尽，春风吹又生。"王勃十四岁时写出了《滕王阁序》。"落霞与孤鹜齐飞，秋水共长天一色！"这种意境胸怀，真是令人拍案叫绝。三国时期的王弼，二十多岁时就开始注解《道德经》，文名盖世。

这些先贤为什么这么年轻就能写出这么好的文章？因为他们生活的时代，写作的氛围非常浓厚，人人都写文章。古人读书读得多，写得多，老师和家长经常让孩子根据某一个景、某一件事，写一篇文章，很多孩子十多岁时就"下笔如有神"，提笔就能写出修身、齐家、治国、平天下的文章。王维十七岁就写出了他的成名作，十九岁就考中了状元。

从古人的经历中，我们可以看出，要想写好文章，必须多读圣贤经典，古代人自幼就开始背书，十年寒窗苦，饱读圣贤典籍，圣贤的思想全都了然于胸。为什么他们下笔如有神？因为他们读书读得多。

我有一个同学一写作就没词，不知道怎么写，总让大家笑话，老师也批评："怎么肚子里都是饭？没有墨水？"这一刺激不得了，他开始买书苦读，读了两年多，第三年一写文章不得了，一般人比不上。看来，写作没有捷径，那些大作家写文章好都是源自他们一辈子苦读书。

"熟读唐诗三百首，不会作诗也会吟。"读书多还不够，还要多练习，要有针对性地练习。比如说，我们喜欢写诗，就可以学习《声律启蒙》《笠翁对韵》，学完了就作诗，作完了就会发现自己到底怎么样。我们自己常常有盲点，看不出自己的问题，可以找诗友、文友，让他帮我们修改。我总结了写作的三个要点：第一，要饱读诗书。第二，要有针对性地学习。第三，要大量地练习。白居易写了很多诗，不行就重写，反复修改几遍，直到满意为止，时间长了，就练出来了。

我们如果想感化孩子，让他爱读书、写作，我们就得成为这种人，要特别爱读书，爱动笔。学生时代，我很喜欢写日记，后来写诗、散文，再后来写心理学文章，大约有几百万字。我的写作能力就源自四十多年的练习。

我女儿刚上小学的时候，有一天看见我写作，就对我说："爸爸，我给你写一首诗吧。"写完后，她就念给我听，诗写得挺好。后来，女儿的文章写得挺出色，老师非常喜欢。写作可以培养一个人的想象力和表达能力。比如说写"记一次劳动"，有的孩子觉得没什么可写的，就只写如何出去挖土；经过熏陶和培养的孩子，就会写得很丰富：从早晨的天气写起，天气是怎么样的，自己的心情是怎么样的，同学们有什么表现，铺垫就可以写很多。老师自然喜欢这种文章。

有一次，女儿的作业是把文章补充完整，题目是："一个人快速地向终点跑去，像什么什么一样。"我们可能会写"像离弦的箭一样"，大部分同学都是这么补充的。我就启发她，你怎么补充？她的补充把我乐坏了，她补充道："像有仇一样。"真是童言无忌，太有趣了。有一次，我们一起坐车回我父母家，我们向这边走，对面有一辆绿皮车，两辆车同时启动，我就启发孩子："用一个成语表达一下眼前的情景。"我的原意是想让她回答"背道而驰"。谁知女儿却说："岔道而驰。"且不管她答得对不对，通过这件事，她得到了启发，让她自己有思想，善于表达。因此，她的表达能力、写作能力不断得到提升，读书、工作游刃有余，很多方面都得益于她的写作能力。

培养孩子时，我们要循循善诱，要陪伴他、引领他，让他养成爱写作的习惯。我们鼓励他，他就愿意表达，愿意写作，对他整个人生的发展有很大的好处。不管干什么，最后的总结要向大家报告，都要有较强的写作能力，才能表达得准确，语言才能简练优美又契理契机。因此，我们不可忽视写作能力的培养，要早一点培养孩子的写作能力，让他受用一生。这个能力在各个领域都用得上，对他有非常大的帮助。

# 四十、演讲

据说人类有与生俱来的四大恐惧。这四大恐惧都是哪些呢？第一个是死亡，大家都害怕；第二个是黑暗，我们白天去哪里都觉得没问题，一到晚上就害怕；第三个就是蛇，大家一看到蛇，不管它是否会咬人，我们都会感到恐惧；第四个就是演讲，在众人面前说话。

我很早就听说过这四大恐惧，但不明白最后一个是为什么，前几个比较好理解，大家都怕死；在黑暗中总觉得有未知，看不见就会感受到害怕；蛇弯弯曲曲的，没有脚还能跑，挺吓人的。但是，在众人面前说话为什么是人们与生俱来的恐惧？后来，我不断尝试，因为我讲学比较多，在众人面前讲课，讲话的机会也多，我发现确实如此。

很多人在跟好朋友、哥们儿、闺蜜讲话时，他能几个小时滔滔不绝；如果让他在众人面前讲话，他就一句话也讲不出来，浑身打哆嗦，脸红心跳。我感觉百分之九十的人都会变得和平时不一样，平时很自然很轻松，一上台就变了，少数人能够发挥正常，他平时怎么样，上台也怎么样，极少数人能够发挥得比平时要好，那就是演讲大师级别的。

演讲能力是一种超乎常人的能力，它能让我们在众人面前正常地把自己想要讲的东西讲出来，甚至讲得很精彩。中国有句谚语："大丈夫藏在舌头底下。"这是什么意思？说话非常重要，有时候甚至可以救命，比如说评书里，有人被抓住了，即将被杀，他凭三寸不烂之舌，让听他讲话的人心开意解，将他放了。

做了这么多年的心理咨询工作，我感觉会讲话的人，几句就会让人欢喜，就会转变一个人的心情，甚至转变一个人的心态。今天，我重点谈谈演讲的重要性、演讲的价值及如何培养演讲能力。

《论语》中说："一言而可以兴邦，一言而丧邦。"一句话就几乎可以使国家兴盛，同样，一句话就几乎可以使国家衰亡。一句话真的这么重要吗？确实如此，这是言语的重要性。历史上有很多一句话改变了一个国家的命运的案例。我们党在抗日战争爆发之际，发出了一个英明的决策，那就是"联合抗日"。这句"联合抗日"的话就是兴邦之言。因此，人的话语非常重要，演讲更加重要。《春秋·榖梁传》中说："人之所以为人者，言也；人而不能言，何以为人？"动物有动物的语言，我们听不懂。人之所以为人，是因为人能说话。所有人都不说话，那我们靠什么交流呢？何以为人？人有一个很重要的特质就是，人能够运用语言进行交流。

荀子也对语言的重要性进行了阐述。他说："赠人以言，贵于金石珠玉；劝人以言，美于黼黻文章；听人以言，乐于钟鼓琴瑟。"（《荀子·非相》）意思是说，赠人一句很有用的话，

演讲

贵于金石珠玉，关键时刻的一句话能救一个人的命，或者救一个民族、一个国家。劝人一句话美于黼黻文章。黼黻，指的是古代礼服上绣那个花纹，这里借指写得语言华丽的文章。劝人以言，比黼黻还要好。听很重要的、很有价值的话，比听钟鼓琴瑟更让人高兴。

孔子和孟子都是伟大的演讲家。他们都曾带着学生周游列国，在跟诸侯国的国君和大臣们讨论的时候，他们就是在演讲。古希腊思想家、哲学家苏格拉底也是一位伟大的演讲家。他经常在雅典的公众场合进行演讲。他的演讲很有趣，曾提出"灵魂三问"："我是谁？""我从哪里来？""我要到哪里去？"这灵魂三问，都是哲学的根本问题。

古希腊著名哲学家德谟克利特说过一句很有意思的话："要使人信服，一句言语常常比黄金更有效。"战国时代的苏秦很能言善辩。当时有一个现象，叫"合纵"，即弱诸侯国联合起来抵抗强诸侯国。另外一个叫"连横"，即强诸侯国联合起来打弱诸侯国。苏秦是合纵派的代表。他专门在六国进行游说，让六国的国君相信他的话，相信他的政治主张，然后联合起来抗秦攻秦。最终，他取得了六国国君的信任，都让他做宰相，苏秦身佩六国相印。

《三国演义》中的诸葛亮也是一个雄辩之人。诸葛亮去江东，说服孙权与刘备联合起来抗曹。到江东后，他舌战群儒，演讲水平非常高。

丘吉尔是闻名世界的演讲家。丘吉尔小时候是一个很胆小的人。老师提问他时，他经常回答不上来，一句话也不说，经常遭到老师的批评。他为什么不敢说？他口吃，因此很自卑，一自卑便不敢说话。另外，丘吉尔小时候给人的印象是他比较愚钝。丘吉尔发奋图强，立志一定把口吃的毛病改掉，天天对着镜子演讲，天天练，越练越好。后来，他在同学面前讲话，一讲便语出惊人。从此以后，丘吉尔变成了一个自信的人，最终当上了首相，在二战时期带领英国人民抗击德国法西斯的侵略，多次在重大的场合进行演讲。丘吉尔的演讲能力非常了得，非常有鼓舞性，成为英国人民的一大"名片"，对反法西斯战争的胜利，起到很大的作用。

演讲对我们有什么意义？小到平时说话，大到演讲，我们要生活、交流、沟通、做事业等，演讲都是一个必要工具。我们需要将自己想要表达的东西清楚地与对方进行交流。演讲时，我们要与很多人进行交流，是一种高密度、快速、集中的人与人之间的交流。我们拥有了这种能力后，就会事半功倍。

一个人当上领导后，一定有很多机会对大家进行演讲，展示自己的主张、提议和工作部署等，这些都需要拥有很强的演讲能力。演讲不只是演讲家或者政治家们的本领，还是我们每一个人都应具备的能力、素质。

只要想做大事，我们就得面对大众，一定要做演讲。因此，一个人越想做大事，就越需要有演讲能力。企业的经营者要经常给大家做演讲，开会、开业、一些重要的场合，都需要有这个能力。如果不会演讲，在众人面前说不好，讲不明白，那就很难把企业做好。

面对众人，人们会感到恐惧，主要因为我们不自信。要是没人注意我们，那还好，会感到自在。突然间，人们的眼光都集中在我们身上，我们就不知道手往哪儿放，脚怎么放，眼睛往哪儿瞅了。

一个人演讲能力强，说明他自信心强，面对几十、几百、几千、几万人，他能从容不迫。因此，演讲能力看似是语言能力，其实支撑它的是一个人的自信心，与那么多人进行交流的自信心。有的人语言能力很强，但一上台就说不出话来，说得语无伦次，或者脑袋里一片空白，这是因为他还缺乏自信。

自信如何培养呢？

首先，让孩子多学习。肚子里有东西，他才能写得出东西。演讲也一样，肚子里得有东西。上台演讲时，肚子里空空如也，肯定不行。因此，一定要让孩子多阅读。其次，要让孩子多听，看演讲大师，看人家开头怎么讲，中间怎么讲，结尾怎么收，听完了，再去练。怎么练？事前要准备好。不然，一旦遭遇大的挫折感，心里有阴影了，以后他就不敢上台了。最后，要循序渐进，先让孩子自己照着镜子先练一练，觉得可以了后，再到母亲或者父亲跟前练一练。一开始，他可以先拿着稿讲两句，忘了就看看稿，同时练练表情、动作和语调，一点一点地练，别追求完美，孩子在哪种状态、环境中，最能找到自信，就先让他从哪里开始，别让他有太大的压力。然后，慢慢地练习脱稿演讲。

大家一定要注意，别一上来就给孩子那么高的要求、那么大的压力，这样做没有意义。先让他尝试着说几句，有了自信后，我们再鼓励他。不好的地方帮他纠正一下，好的地方表扬他一下。他会接着练，从小场合，然后到稍微大一点的场合，就会越来越有信心，最后让他登台，练几次后，他觉得原来演讲这么轻松。我也一样，我一开始上台时，腿哆嗦，拿着麦克风的手也哆嗦，紧张得不行。我们就慢慢练，练的次数多了，上台之后心不慌，脸不红，从容不迫，发挥得也好。等到了一定程度，就不需要把稿背下来，在正知正见的基础上，可以自由发挥，越发挥越好。

孩子不可能一开始就善于演讲，平时要多跟他交流，多让他讲话，先跟家人讲，再跟小朋友讲、跟老师讲。敢讲话，是第一步，首先要让他克服内心的恐惧，增长自信。

敢讲还不够，还要讲好。如何讲好？就是讲的内容一定有要价值，就是"含金量高"，有高度，有广度。只是泛泛地讲我今天干什么？吃了什么？这些都没有价值，大家不想听这些内容。大家想听的是有道理、有价值、有助明德、振聋发聩的东西。

有价值还不够，还要让他讲有逻辑性。逻辑要清晰。首先要清楚，我今天演讲的主题是什么，我主要的论点是什么，然后分几个部分讲，一般不要超过三个，因为多了，你会记不住。如果演讲的内容分十部分，一会儿你就乱套。比如说，我的演讲分三个方面，每个方面，可以再分成三个小方面。这叫"三三三"。这样比较好。要是分成五六个，你就容易迷糊了。因此，演讲一定要有逻辑性，别讲得分散，没有主题，或者讲跑题。不然，你的演讲再漂亮也没有价值。

成功的演讲有四要素：第一，要为利他而敢讲；第二，要讲有价值、有道理东西;第三,演讲要有逻辑性,结构要分明;第四,演讲要有感染力。有的教授做演讲时,前面三点都具备,上台不慌,讲得很有道理,也有逻辑性,但就是缺少感染力,犹如照本宣科地在念,念一会儿大家就都睡着了。因此,演讲一定要有感染力。

高水平的演讲都讲求契理契机,活泼幽默,控场能力和随机应变能力都要强。

我们要先培养孩子的自信心,让他敢于跟别人交流,自信心逐渐培养起来后,再培养他的语言表达能力,多跟他交流。比如说,让他朗读一篇课文,模仿一段演讲。要让他多学多听多练,要让他的演讲言之有物,而不是言出无物,没有什么内容,没有意思,要说得与道相应,有道理、有逻辑性和有感染力。

希望我们帮孩子培养好善于演讲的习惯,这是他做大事的必备能力,他将因此而受用终身。

# 四十一、内求

一个人有德行，心才会安，才会有幸福感，人生也容易顺利。

"积善之家必有余庆。"（《易传·文言传·坤文言》）"君子以厚德载物。"（《周易·坤》）一个人拥有财富、事业成功等都需要有好的德行。

按照中华优秀传统文化的要求做，我们可以自利利他，做一个处处为人着想的人、有德行有素质的人。在社会上，我们的人缘一定会好，一定会有很多人愿意帮我们，事业往往会比较容易成功，人生会比较顺利，内心也会安宁。

好习惯的养成，要具备自我反省、向内找答案的品质。"我"是一切的根源。圣贤、君子、成功的人，往往都有一个显著特性——善于内求。"内圣外王。"（《庄子·天下》）意思是说，自己修得好，有德行，天下的人，才会信服你、亲近你。

"格物、致知、诚意、正心、修身"是"内圣"，就是要求我们修炼自己，让自己有智慧有德行。"齐家、治国、平天下"是"外王"。"儒、释、道"的理念都是如此，内心世界修得好，外在的世界就好，中华优秀传统文化体现的全都是一切向内求的过程，然后才会有外在的世界。

东方人比较含蓄，因为我们内求，讲究天人合一，讲究和平相处，讲究万物平等。东方文化的特征，源自我们是内求的文化。

一个人养成事事内求的好习惯，就比较容易成功。那些不成功的、不顺的、痛苦的人，常常因为他们遇事外求，怨天尤人。外求没有答案。什么是答案？"我"才是唯一的答案。

《大学》中说："自天子以至于庶人，壹是皆以修身为本。"意思是说，从天子到普通老百姓，全都要以修身为本。修身就是内求。

《道德经》中说："知人者智，自知者明。"能了解别人叫聪明，能了解自己才是真智慧。"明"比"智"要重要，"明"是明心见性。明心见性的人最有智慧，他对自己、对宇宙人生真相已经完全了解。

"行有不得者，皆反求诸己，其身正，而天下归之。"（《孟子·离娄上》）后人将这句话浓缩成一个成语："行有不得，反求诸己。"当我们期待的目标、理想没有实现时，我们一定要反求诸己。"我为什么没有挣到钱？""我为什么事事不顺？"不是老天对我们不公，不是社会不好，而是因为自己有问题。我们应该反求诸己，这是一个很重要的品质。

北宋思想家王安石在《礼乐论》中说："圣人内求，世人外求，内求者乐得其性，外求者乐得其欲。"圣贤都是内求的，我们普通的人常是外求。内求者能够找到天性真理，找到问题的根本。就像孔孟老庄，他们乐得其性，能够找到自己的自性，很安心。外求者通过欲望的满足，得到暂时的快乐。这是两个不

内求

同的层次、不同的方向。

圣贤、君子、成功的人、幸福的人，都有内求的习惯。但是，普通人不习惯于反求诸己，而习惯于怨天尤人。比如说，总是抱怨自己的夫君、或太太有诸多问题，公公婆婆不好，孩子让我们烦心，单位领导不好，同事让我们看不顺眼，等等。我们习惯于外求，但外求对问题的解决不仅没有意义，反而会适得其反。虽然抱怨一番后，短时间内我们会觉得心里痛快一点，但找不到解决问题根本的真正答案。

其实，一切问题常常都是我们自己的问题。别人有没有问题？有问题。但是，你能解决的，只能是你自己的问题，只能通过解决自己的问题，影响别人。改变人生真正的秘诀是内求。找到自己的问题，然后改变，影响别人，这是唯一的正确道路。

但是，我们不愿意内求，我们习惯于向外找答案，想改变别人，这是在做无效努力。多年的咨询工作告诉我，来访者如果没有内求的习惯、没有反省的能力，那他的问题就很难解决。

他总是认为自己一点问题都没有，全都是别人的问题。他的目的是，希望你能帮他修理别人、改变别人。如果一个人有很多困惑和痛苦，只要他有反省的能力，那么，他的问题就容易解决。

一遇到问题，我们就要"行有不得，反求诸己"。真正的道，一定在内求上。比如说，孩子学习不好，外求的人会说："是老师教得不好，学校不好，同学们不好。"找的全都是外在的问题，就是不找自己的问题。

我们应该从小养成遇到问题就内求的习惯，反思我们哪些地方需要改正。比如说，孩子为什么学习不好？我们就要分析，通过分析我们得出其中一个主要原因是孩子对父母不够孝顺，没有远大志向，所以学习缺乏动力，不用心。

有的孩子喜欢打游戏，故而影响了学习；有的孩子上课时不认真听讲，课后也不愿意复习。同一个老师，同一间教室，为什么有的学生学得很好？我们不应简单找老师的问题，而是要认真找自己孩子的问题。

我们拥有了内求反省的能力，一切问题就能找到真正的答案。不管我们养成了多少个好习惯，如果没有内求的习惯，就依然远远不够。所有好品质和好习惯都要以内求这个好习惯做基础。

如果我们愿意花时间、花气力，与孩子共同学习，共同成长，懂得培养孩子的方法，孩子一定会有所进步。如果每个好习惯都能养成，相信孩子一定会是一个好孩子。当然了，我们培养孩子时，夫妻之间达成共识，配合默契，一定要以尊重孩子为前提，上敬下和，以身作则，先讲爱后讲理，循循善诱。我们只有愿意用自己的生命、爱与热情陪伴孩子一起学习、一起成长，才能够对孩子有帮助。高高在上、命令式的"你必须这么做"的强势要求，对孩子而言非常不利。

好习惯的养成，越早越好，一开始挺辛苦。如果在孩子长大后再去培养，更辛苦。如果在孩子两三岁时，我们就开始帮他培养好习惯，就容易得多。可惜的是，有些家长没有这种认识。

一个小习惯，二十一天就可以养成；一个大习惯，可能需要一两个月、两三个月甚至半年才能养成。但是，"磨刀不误砍柴工"，要想建成自动流水线，就要先做好模具，虽然会费一些工夫，但模具一旦做成，我们就能成批量地生产产品。好习惯也是如此，一旦养成，就是走在幸福成功、顺利美满的道路上，就像银行储蓄一样，会不断升值，不断产生利息，让我们受用终生。

希望我们为人父母、为人师者对于好习惯的培养，重视起来，花一点工夫陪伴、带动孩子跟我们一道成长。最后，祝福每一位同学和你们的孩子，都能养成这些好习惯。它是我们所能送给孩子的、陪伴他一生的最好的礼物。